овеж
電気電子工学のための
基礎数学 第2版

森 武昭・大矢 征 共著
Mori, Takeaki　　Ohya, Susumu

森北出版株式会社

●本書の補足情報・正誤表を公開する場合があります．当社 Web サイト（下記）
で本書を検索し，書籍ページをご確認ください．
https://www.morikita.co.jp/

●本書の内容に関するご質問は下記のメールアドレスまでお願いします．なお，
電話でのご質問には応じかねますので，あらかじめご了承ください．
editor@morikita.co.jp

●本書により得られた情報の使用から生じるいかなる損害についても，当社および
本書の著者は責任を負わないものとします．

|JCOPY|〈(一社)出版者著作権管理機構 委託出版物〉
本書の無断複製は，著作権法上での例外を除き禁じられています．複製される
場合は，そのつど事前に上記機構（電話 03-5244-5088，FAX 03-5244-5089,
e-mail: info@jcopy.or.jp）の許諾を得てください．

第2版の出版にあたって

　電気電子工学をこれから学ぼうとする者を対象に，その基礎を学ぶ上で必要な数学について，できるだけわかりやすくとの理念にもとづいて，「電気電子工学のための基礎数学」を出版して18年が経過した．この間，多くの読者から有益なご指摘をいただき，増刷のたびに反映し，より良い書となるように努めてきた．しかし，時間の経過とともに情況にそぐわない点が生じてきたことも事実である．

　そこで，構成や内容は変更せず，以下の3点を考慮して，第2版として出版することにした．

(1) 抵抗などの回路記号を，現行のJIS規格のものに修正した．
(2) 2色刷りとして，よりわかりやすくするとともに，重要な箇所を強調することにより，学習しやすいように配慮した．
(3) より読みやすいように字句を見直すとともに，若干の追加を行った．

　なお，本書は，電気電子工学を学ぶ上での道具 (tool) と位置付け，数学的な説明は必要最低限に限定している．したがって，もう少し丁寧な説明にもとづいて基本的事項から学ぶことを希望する向きには，姉妹編として，次の書を併せて用いて学習することを推奨したい．

森武昭・奥村万規子・武尾英哉 著 「電気電子数学入門」 森北出版

　本書が電気電子工学を理解する上での役目を果たすことができれば幸いである．なお，誤りがないとも限らないので，お気付きの向きは何卒御叱正をお願いしたい．

　本書の出版にあたってお世話になった森北出版の大橋貞夫氏，小林巧次郎氏に感謝の意を表する次第である．

2014年6月

著者らしるす

まえがき

　電気電子工学は，現在の技術を支える一分野として欠かすことができない上に，先端技術を担う分野としても，ますますその重要性が増している．電気電子工学は，一般的にはなかなか理解しにくいと受けとめられているようであるが，学問としては非常に体系化されているため，基礎から順次積み上げていけば，比較的容易にその本質を理解できるようになっている．その基礎の内容を十分理解するためには，数学を用いて解析的な検討を行うとともに，物理的意味 (Physical Meaning) を把握することが重要である．このような基礎の科目としては，電気磁気学，電気・電子回路などが配置されているが，これらを学ぶためには，高等学校までの数学を十分に理解することが不可欠である．

　一方，価値観が多様化する中で，高等学校のカリキュラムにも選択制がかなりの範囲で導入されたため，電気電子工学を学ぶ出発点としての数学のレベルに，かなりのバラツキが生じてきているのが現実であり，この傾向は今後ますます強まっていくものと思われる．

　本書は，このような観点にたって，単に高等学校までの数学を復習または反復するのではなく，電気電子工学をこれから学ぼうとする者にとって，是非とも必要と思われる内容に絞って，できるだけわかりやすく，そして電気電子工学に関係した例題や問題を多く取り扱うように努めたつもりである．

　ところで，本書はあくまでも数学を電気電子工学を学ぶための道具 (tool) として取り扱っているので，数学を体系的に理解するためには，数学者の著した書を学ぶ必要がある．また，本書は電気電子数学の入門書としてまとめたので，さらに高度な内容を理解するためには，further step の他の書籍を参照していただきたい．

　本書が電気電子工学を理解する上での役目を果たすことができれば幸いである．なお，誤りがないとも限らないので，お気付きの向きは何卒御叱正をお願いしたい．

　本書を執筆するにあたって助言いただいた，神奈川工科大学の中神隆清教授に感謝申し上げるとともに，出版にあたってお世話になった森北出版編集部の水垣偉三夫氏に深謝の意を表する次第である．

　1996 年 3 月

　　　　　　　　　　　　　　　　　　　　　　　　　　　　　　　著者らしるす

目　次

第 1 章　式の計算と数の種類　　1

1.1　式の展開と因数分解の公式　　1
1.2　整式の除法　　1
1.3　分数式　　1
1.4　無理式　　5
1.5　数の種類　　6
演習問題［1］　　6

第 2 章　コンピュータで用いる数と論理演算　　8

2.1　10進・2進・16進と表示変換　　8
2.2　2進数の加算と乗算　　10
2.3　論理演算　　11
演習問題［2］　　12

第 3 章　複素数　　14

3.1　複素数　　14
3.2　複素数の性質　　14
3.3　複素数の表示　　14
3.4　複素数の加減算　　16
3.5　複素数の乗算　　16
3.6　複素数の除算　　17
3.7　オイラーの公式とド・モアブルの定理　　17
演習問題［3］　　17

第 4 章　関数と方程式　　19

4.1　関数の種類　　19
4.2　定義域と値域　　19
4.3　陰関数および媒介変数　　19
4.4　逆関数　　20

4.5 2次方程式　20

4.6 分数方程式と無理方程式　21

4.7 複素方程式　22

4.8 不等式　22

4.9 必要条件と十分条件　23

演習問題［4］　24

第5章　行　列　26

5.1 行　列　26

5.2 行列の和と差および実数倍　26

5.3 行列積　27

5.4 行列の計算法則　27

5.5 特殊行列　28

5.6 逆行列の定義　28

5.7 逆順法則　29

5.8 2端子対定数行列　29

演習問題［5］　31

第6章　行列式　33

6.1 行列式　33

6.2 サラスの規則　33

6.3 小行列式と余因子　34

6.4 行列式の展開　34

6.5 行列式の性質　35

6.6 逆行列と行列式　37

演習問題［6］　38

第7章　連立方程式　41

7.1 消去法　41

7.2 逆行列を用いる方法　42

7.3 行列式を用いる方法 (クラメルの公式)　44

7.4 複素連立方程式　46

演習問題［7］　48

目次　v

第 8 章　三角関数 (その 1)　50

- 8.1　角度の表示法　50
- 8.2　三角関数の定義　50
- 8.3　三角関数の主な値　51
- 8.4　三角関数の基本公式　51

演習問題［8］　54

第 9 章　三角関数 (その 2)　57

- 9.1　三角関数のグラフと周期性　57
- 9.2　逆三角関数　57
- 9.3　正弦波関数　59
- 9.4　三角形と三角関数　61

演習問題［9］　63

第 10 章　指数関数と対数関数　65

- 10.1　指数法則　65
- 10.2　指数関数と対数関数　65
- 10.3　対数の性質　66
- 10.4　自然対数と常用対数　66
- 10.5　指数，対数の大小関係　67
- 10.6　対数グラフ　68
- 10.7　デシベル (dB)　69
- 10.8　桁数と小数首位　70

演習問題［10］　70

第 11 章　双曲線関数　73

- 11.1　双曲線関数の定義　73
- 11.2　基本公式　74
- 11.3　逆双曲線関数　75
- 11.4　複素双曲線関数　76

演習問題［11］　77

第 12 章　平面図形と式　79

- 12.1　点・距離　79

- 12.2 直線の方程式　80
- 12.3 合同変換　81
- 12.4 2次曲線　82
- 12.5 フェーザ (ベクトル) 軌跡　84
- 12.6 条件つきの最大・最小　85
- 演習問題［12］　86

第13章　ベクトル算法　88

- 13.1 スカラーとベクトル　88
- 13.2 ベクトルの表示　88
- 13.3 直交座標系によるベクトルの表示　88
- 13.4 ベクトルの和と差　89
- 13.5 スカラー積 (内積)　89
- 13.6 ベクトル積 (外積)　91
- 演習問題［13］　93

第14章　数列とその極限　95

- 14.1 等差数列　95
- 14.2 等比数列　95
- 14.3 記号 Σ (シグマ) とその性質　95
- 14.4 数学的帰納法　96
- 14.5 有限数列の和の証明　96
- 14.6 数列の極限　97
- 14.7 主な数列の極限　98
- 14.8 無限級数の収束・発散　98
- 14.9 無限等比級数　99
- 14.10 無限級数の和の例　99
- 演習問題［14］　100

第15章　関数の極限　102

- 15.1 極限値の性質　102
- 15.2 右極限と左極限　102
- 15.3 はさみうちの原理　102
- 15.4 重要な極限値　103

15.5　不定形の極限　103
15.6　関数の連続性　104
15.7　連続関数の性質　104
15.8　中間値の定理　105
演習問題［15］　106

第16章　微分計算法　108

16.1　微分係数と導関数　108
16.2　関数の連続性と微分　109
16.3　微分の計算規則　109
16.4　合成関数の微分　110
16.5　媒介変数表示の関数の微分　111
16.6　逆関数の微分　111
16.7　主な関数の微分　111
16.8　高次導関数　113
演習問題［16］　114

第17章　微分の応用 (その1)　116

17.1　平均値の定理　116
17.2　ロルの定理　116
17.3　接線・法線の方程式　117
17.4　関数の増減，極値，最大・最小　118
17.5　不定形の極限 (ロピタルの定理)　120
17.6　代数方程式の数値計算解 (ニュートン法)　120
17.7　差分公式 (微分の数値解析法)　121
演習問題［17］　122

第18章　微分の応用（その2）　124

18.1　テイラーの定理 (関数の近似式)　124
18.2　マクローリンの定理　125
18.3　オイラーの公式　127
18.4　テイラー展開による近似計算　128
演習問題［18］　128

viii　目　次

第19章　偏微分とその応用　130

19.1 偏微分の定義　130
19.2 多変数の合成関数の微分　130
19.3 陰関数の微分　131
19.4 高次の偏導関数　131
19.5 最小2乗法　132
演習問題［19］　134

第20章　積分計算法（その1）　136

20.1 不定積分と定積分　136
20.2 不定積分に関する規則　136
20.3 主な不定積分の計算　137
20.4 積分計算によく用いられる手法　138
演習問題［20］　140

第21章　積分計算法（その2）　142

21.1 定積分の基本的な性質　142
21.2 定積分における置換積分と部分積分　143
21.3 区分求積法　143
21.4 定積分の数値計算法　144
演習問題［21］　147

第22章　積分の応用　149

22.1 直交座標系における面積　149
22.2 媒介変数表示による面積　149
22.3 立体の体積　150
22.4 回転体の体積　151
22.5 曲線の長さ　151
22.6 回転体の表面積　152
22.7 正弦波の実効値　153
22.8 フーリエ級数　153
演習問題［22］　155

第23章　微分方程式（その1）　　157

23.1 微分方程式　　157
23.2 変数分離形　　157
23.3 1階線形微分方程式　　158
23.4 微分演算子 D を用いた解法　　159
23.5 単エネルギー回路の過渡現象　　160
演習問題［23］　　162

第24章　微分方程式（その2）　　164

24.1 2階線形微分方程式の解法　　164
24.2 積分定数の決定　　166
24.3 複エネルギー回路の過渡現象　　166
演習問題［24］　　168

演習問題の解答　　169

参考書　　188

さくいん　　189

第1章

式の計算と数の種類

1.1 式の展開と因数分解の公式

$(a+b)^2 = a^2 + 2ab + b^2$

$(a+b)(a-b) = a^2 - b^2$

$(x+a)(x+b) = x^2 + (a+b)x + ab$

$(ax+b)(cx+d) = acx^2 + (ad+bc)x + bd$

$(a+b+c)^2 = a^2 + b^2 + c^2 + 2ab + 2bc + 2ca$

$(a+b)^3 = a^3 + 3a^2b + 3ab^2 + b^3$

$(a+b)(a^2 - ab + b^2) = a^3 + b^3$

$a^3 + b^3 + c^3 - 3abc$
$\quad = (a+b+c)(a^2 + b^2 + c^2 - ab - bc - ca)$

◆注◆ 差の場合は，$a - b = a + (-b)$ と考えて上式を適用する．

1.2 整式の除法

整式 A を整式 B で割ったときの商を Q，余りを R とすれば，$A = BQ + R$ となる（R の次数は B の次数より低い）．とくに，$R = 0$ すなわち $A = BQ$ のときは，A は B で割り切れるという．

また，$f(x)$ を $ax + b$ で割ったときの余りは，$f\left(-\dfrac{b}{a}\right)$ となる．

例 1.1 $f(x) = 3x^3 - 2x + 4$ を $x - 1$ で割ったときの余りを求める．
$f(1) = 5$ すなわち，余り 5 である．

1.3 分数式

整式 A を整式 B で割ったとき，割り切れない場合は分数式となる．

(1) 分数式の計算

分数式は，分母・分子に整式を乗じるか，または整式で割るなどして簡単な形に変形できる．

例 1.2
$$\frac{\dfrac{a-b}{a^2+ab}+\dfrac{1}{a}}{\dfrac{a-b}{ab+b^2}-\dfrac{1}{b}} = \frac{a(a-b)+(a^2+ab)}{a(a^2+ab)} \times \frac{b(ab+b^2)}{b(a-b)-(ab+b^2)}$$
$$= \frac{2a^2}{a^2(a+b)} \times \frac{b^2(a+b)}{-2b^2} = -1$$

（2） 分数式の変形

分子式の次数が，分母式の次数より高いか，または，同じ次数の分数式については，整式と分数式の和の形に変形できる．

例 1.3 $\quad \dfrac{2x^2-3x-3}{x-2} = 2x+1-\dfrac{1}{x-2}$

例 1.4 $\quad \dfrac{2x-1}{x-1} = 2+\dfrac{1}{x-1}$

例題 1.1 図 1.1 のように接続された ab 間の合成抵抗 R_{ab} を求めよ．

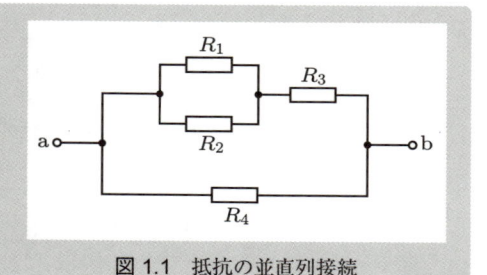

図 1.1 抵抗の並直列接続

解 R_1 と R_2 の並列抵抗 R_{12} は，
$$R_{12} = \frac{1}{\dfrac{1}{R_1}+\dfrac{1}{R_2}} = \frac{R_1 R_2}{R_1+R_2}$$

となるので，ab 間の合成抵抗は次のようになる．
$$R_{ab} = \frac{1}{\dfrac{1}{R_{12}+R_3}+\dfrac{1}{R_4}} = \frac{1}{\dfrac{R_1+R_2}{R_1 R_2 + R_3(R_1+R_2)}+\dfrac{1}{R_4}}$$
$$= \frac{R_4(R_1 R_2 + R_2 R_3 + R_3 R_1)}{R_4(R_1+R_2)+(R_1 R_2 + R_2 R_3 + R_3 R_1)}$$
$$= \frac{R_4(R_1 R_2 + R_2 R_3 + R_3 R_1)}{R_1 R_2 + R_2 R_3 + R_3 R_1 + R_1 R_4 + R_2 R_4}$$

（3） 部分分数に分解

分子式の次数が分母式の次数より低い分数式については，<u>部分分数</u>に分解できる．次に示す [例 1.5] から [例 1.7] は，右辺を通分したときの分子が左辺の分子に等しいという恒等式を用いて係数を決定する方法で，<u>未定係数法</u>とよばれている．

例 1.5 分母が異なる実根の場合.
$$\frac{x-1}{(x-2)(x+1)} = \frac{A}{x-2} + \frac{B}{x+1} \tag{1.1}$$
とおく．通分すると分子は，
$$x-1 = A(x+1) + B(x-2) = (A+B)x + (A-2B)$$
$$A+B=1, \quad A-2B=-1 \quad \therefore A=\frac{1}{3}, \quad B=\frac{2}{3}$$
したがって，式 (1.1) は次のように表すことができる．
$$\frac{x-1}{(x-2)(x+1)} = \frac{1}{3}\left(\frac{1}{x-2} + \frac{2}{x+1}\right) \tag{1.2}$$

一般的に，分母に m 重根を含むときには，次のような部分分数に分解する．
$$\frac{f(x)}{(x+a)^m} = \frac{A_m}{(x+a)^m} + \frac{A_{m-1}}{(x+a)^{m-1}} + \cdots\cdots$$
$$+ \frac{A_2}{(x+a)^2} + \frac{A_1}{x+a} \tag{1.3}$$
ただし，$f(x)$ は $(m-1)$ 以下の次数の関数とする．

例 1.6 分母に重根を含む場合.
$$\frac{x-1}{(x+1)^2} = \frac{A}{(x+1)^2} + \frac{B}{x+1} \tag{1.4}$$
$$x-1 = A + B(x+1) = Bx + (A+B)$$
$$B=1, \quad A+B=-1 \text{ より } A=-2, \quad B=1$$
したがって，
$$\frac{x-1}{(x+1)^2} = \frac{-2}{(x+1)^2} + \frac{1}{x+1} \tag{1.5}$$

例 1.7 分母に虚根を含む場合.
$$\frac{3}{(x-1)(x^2+x+1)} = \frac{A}{x-1} + \frac{Bx+C}{x^2+x+1} \tag{1.6}$$
$$3 = A(x^2+x+1) + (Bx+C)(x-1)$$
$$3 = (A+B)x^2 + (A-B+C)x + A-C$$
$$A+B=0, \quad A-B+C=0, \quad A-C=3$$
$$\therefore \quad A=1, \quad B=-1, \quad C=-2$$
したがって，
$$\frac{3}{(x-1)(x^2+x+1)} = \frac{1}{x-1} + \frac{-x-2}{x^2+x+1} \tag{1.7}$$

[例 1.5] のように**分母が異なる実根**の場合には，[例 1.8] のように**分母を微分する方法** や，[例 1.9] のように**両辺に因数をかける方法**により係数を求めることもできる．

例 1.8 $\dfrac{x-1}{x^2-x-2} = \dfrac{A}{x-2} + \dfrac{B}{x+1}$

左辺の分母を微分して，分子と分母に因数を代入する．

$$A = \left.\dfrac{x-1}{2x-1}\right|_{x=2} = \dfrac{1}{3}, \quad B = \left.\dfrac{x-1}{2x-1}\right|_{x=-1} = \dfrac{2}{3}$$

◆**注**◆ 分母の方程式の最高次数の係数が 1 となることが前提なので注意すること．

例 1.9 $\dfrac{x-1}{(x-2)(x+1)} = \dfrac{A}{x-2} + \dfrac{B}{x+1}$

両辺に $x-2$ をかけて，$x=2$ を代入すると，

$$\dfrac{x-1}{x+1} = A + \dfrac{x-2}{x+1}B \quad \therefore \quad A = \dfrac{1}{3}$$

同様に，両辺に $x+1$ をかけて，$x=-1$ を代入すると，

$$\left.\dfrac{x-1}{x-2}\right|_{x=-1} = B \quad \therefore \quad B = \dfrac{2}{3}$$

例題 1.2 次の分数式を部分分数に分解せよ．

$$\dfrac{2x+3}{(x-1)^2(x^2+2x+2)} \tag{1.8}$$

解 $\dfrac{2x+3}{(x-1)^2(x^2+2x+2)} = \dfrac{A}{(x-1)^2} + \dfrac{B}{x-1} + \dfrac{Cx+D}{x^2+2x+2}$ とおいて右辺を通分すると，両式の分子は次のようになる．

$$\begin{aligned}
2x+3 &= A(x^2+2x+2) + B(x-1)(x^2+2x+2) + (Cx+D)(x^2-2x+1) \\
&= (B+C)x^3 + (A+B-2C+D)x^2 + (2A+C-2D)x \\
&\quad + 2A-2B+D
\end{aligned}$$

両辺の係数を比較すると次の連立方程式が得られる．

$$\begin{cases} \quad\quad\quad B + C \quad\quad = 0 & \text{①} \\ A + \ B - 2C + \ D = 0 & \text{②} \\ 2A \quad\quad + \ C - 2D = 2 & \text{③} \\ 2A - 2B \quad\quad + \ D = 3 & \text{④} \end{cases}$$

①より，

$$C = -B$$

$$\therefore \begin{cases} A + 3B + \ D = 0 & \text{⑤} \\ 2A - \ B - 2D = 2 & \text{⑥} \\ 2A - 2B + \ D = 3 & \text{⑦} \end{cases}$$

$2 \times $ ⑤ $+$ ⑥ と ⑦ $-$ ⑤ より,

$$\begin{cases} 4A + 5B = 2 \\ A - 5B = 3 \end{cases}$$

⑧

⑨

⑧ $+$ ⑨ より,

$$5A = 5 \quad \therefore \quad A = 1$$

⑩

⑨に代入して,

$$B = -\frac{2}{5}$$

⑪

$$C = \frac{2}{5}$$

⑫

④に代入して,

$$D = 3 - 2 - \frac{4}{5} = \frac{1}{5}$$

ゆえに，式 (1.8) を部分分数分解すると次のようになる．

$$\frac{1}{(x-1)^2} - \frac{2}{5(x-1)} + \frac{2x+1}{5(x^2+2x+2)} \tag{1.9}$$

1.4 無理式

(1) 無理式の有理化

根号の中に文字を含む式を<u>無理式</u>といい，<u>分母に根号がある場合</u>は概略値の計算が大変であるため，一般に<u>分母の有理化</u>を行う．

例 1.10
$$\frac{a}{\sqrt{a^2+1} + \sqrt{a^2-1}} = \frac{a(\sqrt{a^2+1} - \sqrt{a^2-1})}{a^2+1 - (a^2-1)}$$
$$= \frac{a}{2}\left(\sqrt{a^2+1} - \sqrt{a^2-1}\right) \tag{1.10}$$

(2) 2重根号計算

$\sqrt{a \pm 2\sqrt{b}}$ の場合は，積 $b = pq$，和 $a = p + q$ となる 2 つの数 p, q を求める．$p > q > 0$ とするとき，

$$\sqrt{a \pm 2\sqrt{b}} = \sqrt{p} \pm \sqrt{q} \quad \text{[複号同順]} \tag{1.11}$$

例 1.11 $\sqrt{8 - \sqrt{48}} = \sqrt{8 - 2\sqrt{12}} = \sqrt{6} - \sqrt{2}$

1.5 数の種類

$$\left.\begin{array}{l}\left.\begin{array}{l}\left.\begin{array}{l}\text{自然数 (正の整数)}\\ 0\\ \text{負の整数}\end{array}\right\}\text{整数}\\ \text{分数}\end{array}\right\}\text{有理数}\\ \left.\begin{array}{l}\text{無理数}\\ \text{虚数}\end{array}\right\}\text{実数}\end{array}\right\}\text{複素数}$$

◆注◆ 有理数とは，m, n を整数とし，$n \neq 0$ としたとき，m/n の形で表現できる数のこと．小数で表現すると，有限小数または循環小数で表せる数のこと．

●● 演習問題 [1] ●●

1.1 次の式を因数分解せよ．
  (1) $x^2 - 9x + 14$ (2) $2x^2 + 5x - 3$
  (3) $x^3 + 8$ (4) $x^4 - 1$

1.2 整式の除算を x について行い，商と余りを求めよ．
  (1) $(2x^4 - 3x^2 + 6x - 1) \div (2x - 3)$ (2) $(ax^2 + bx + c) \div (x - 1)$
  (3) $(x^3 + 3x^2 y + xy^2 + 3y^3) \div (x + y)$

1.3 次の分数式を簡単にせよ．
  (1) $\dfrac{1}{\dfrac{1}{R} + \dfrac{1}{R} + \dfrac{1}{R}}$ (2) $\dfrac{1}{\dfrac{1}{R_1} + \dfrac{1}{R_2} + \dfrac{1}{R_3}}$ (3) $\dfrac{1}{\dfrac{1}{R} + \dfrac{1}{r + \dfrac{1}{\dfrac{1}{R} + \dfrac{1}{r}}}}$
  (4) $\dfrac{a}{(a-b)(a-c)} + \dfrac{b}{(b-c)(b-a)} + \dfrac{c}{(c-a)(c-b)}$

1.4 次の分数式を部分分数に分解せよ．
  (1) $\dfrac{1}{x^2 - 3x + 2}$ (2) $\dfrac{x + 4}{x^2 + x - 2}$ (3) $\dfrac{2x + 1}{x^3 - x}$
  (4) $\dfrac{9}{x^3 - 3x + 2}$ (5) $\dfrac{4}{x^4 - 1}$ (6) $\dfrac{1}{x^4 - x^3 - x + 1}$
  (7) $\dfrac{x^2 + 2x - 1}{(x - 2)^2 (x + 3)}$

1.5 次の無理式を簡単にせよ．
  (1) $\dfrac{1}{(\sqrt{3} - 1)(\sqrt{3} + 2)}$ (2) $\left(\dfrac{1 + \sqrt{2}}{1 - \sqrt{2}} - \dfrac{1 - \sqrt{2}}{1 + \sqrt{2}}\right)^2$
  (3) $\dfrac{\sqrt{1 + a} - \sqrt{1 - a}}{\sqrt{1 + a} + \sqrt{1 - a}}$ (4) $\sqrt{6 - \sqrt{32}}$ (5) $\sqrt{17 - 4\sqrt{15}}$

1.6 問図 1.1 に示すように，電池の起電力を E [V]，内部抵抗を r [Ω] とする．この電池に抵抗 R [Ω] を接続したとき，R で消費される電力を求めよ．

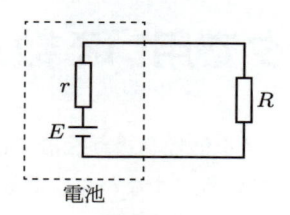

問図 1.1

1.7 問図 1.2 に示すように，抵抗 R [Ω] に電圧計 V と電流計 A を接続して，これらの読みから抵抗値を測定する．いま，電圧計の内部抵抗が r_V [Ω]，電流計の内部抵抗が r_A [Ω] のとき，電圧計の読み V [V]，電流計の読み I [A]，測定した抵抗値 $R_m = \dfrac{V}{I}$ [Ω] を r_A, r_V, R, E で表せ．なお，r_V は理想電圧計と並列に，r_A は理想電流計と直列に接続されているものとして取り扱う．

また，$R = 10$ [Ω]，$r_A = 0.1$ [Ω]，$r_V = 10$ [kΩ] とし，ab 間に $E = 10$ [V] の電圧を加えたときの電流 I，電圧 V，測定した抵抗値 R_m を計算せよ．

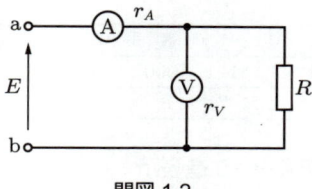

問図 1.2

第2章

コンピュータで用いる数と論理演算

コンピュータのようなディジタル信号を扱う機器では，"1"と"0"の2つの状態を組み合わせた信号を取り扱っている．すなわち，電気的にオンかオフ（電圧がある状態か電圧がない状態）によって数を表すことができる 2 進数が用いられている．また，コンピュータは，論理代数を基礎とした論理演算回路の組み合わせによる符号化（コード化）回路，計数（カウンタ）回路，加算回路などから構成され，動作している．

2.1　10 進・2 進・16 進と表示変換

(1)　2 進数と 16 進数

0〜9 で表す通常の 10 進数に対して，0 と 1 だけで表す表示法を 2 進表示といい，0〜15 で表示する方法を 16 進表示という．16 進数では 10 から 15 の値に対して，次のように A〜F の文字を用いる．

10 進数	0	1	2	3	4	5	6	7	8	9	10	11	12	13	14	15
2 進数	0	1	10	11	100	101	110	111	1000	1001	1010	1011	1100	1101	1110	1111
16 進数	0	1	2	3	4	5	6	7	8	9	A	B	C	D	E	F

(2)　2 進表示または 16 進表示 → 10 進表示

2 進数で $a_n a_{n-1} \cdots\cdots a_1 a_0 . a_{-1} \cdots\cdots a_{-m}$（$a_i$ は 0 または 1）で表された数値を 10 進数で表示すると，

$$a_n \times 2^n + a_{n-1} \times 2^{n-1} + \cdots\cdots + a_1 \times 2^1 + a_0 2^0 + a_{-1} 2^{-1}$$
$$+ \cdots\cdots + a_{-m} 2^{-m}$$

となる．なお，16 進数についても，2 を 16 におき換えれば，まったく同様に求めることができる．

例 2.1　　$(110.01)_2 = 1 \times 2^2 + 1 \times 2^1 + 0 \times 2^0 + 0 \times 2^{-1} + 1 \times 2^{-2} = 6.25$
　　　　　　$(26B)_{16} = 2 \times 16^2 + 6 \times 16^1 + 11 \times 16^0 = 619$

◆注◆　10 進数以外を表示するとき，このように $(\ \ )_k$ と書いて k 進数であることを表す．

(3)　10 進表示 → 2 進表示または 16 進表示

整数の例として，10 進数で 285 の数値を 2 進数および 16 進数で表示する．

例 2.2　① 2 進数

数を 2 で割ったときの商と余りを下のように書いておき，**最後の商と余りを下から順に並べる**．

```
2) 285    余り
2) 142  … 1
2)  71  … 0
2)  35  … 1
2)  17  … 1
2)   8  … 1
2)   4  … 0
2)   2  … 0
     1  … 0
```

したがって，2 進数で表示すると，$(100011101)_2$ となる．

② 16 進数 (1)

```
16) 285
16)  17  … 13
      1  …  1
```

したがって，$(11D)_{16}$ となる．

③ 16 進数 (2)

2 進数で表示されたものを下から **4 桁ずつ**とり，各 4 桁ごとの値を 16 進数で表示したものが 16 進表示の値となる．

$$(\underline{1} \quad \underline{0001} \quad \underline{1101})_2$$
$$1 \quad\quad 1 \quad\quad 13$$
$$\downarrow \quad\quad \downarrow \quad\quad \downarrow$$
$$(1 \quad\quad 1 \quad\quad D)_{16}$$

次に，小数の例として，10 進数で 0.7 の数値を 2 進数および 16 進数で表示する．

例 2.3　① 2 進数

数を 2 で乗じたときの積の第 1 桁と小数点以下を下の例のように書いておき，**上から順に並べる**．

$$2 \times 0.7 = 1.4 \quad 1$$
$$2 \times 0.4 = 0.8 \quad 0$$
$$2 \times 0.8 = 1.6 \quad 1$$
$$2 \times 0.6 = 1.2 \quad 1$$
$$2 \times 0.2 = 0.4 \quad 0$$

} 循環小数となる

したがって，$(0.101100110\cdots)_2$ となる．

② 16進数 (1)

$$16 \times 0.7 = 11.2 \quad 11 \cdots \text{B}$$
$$16 \times 0.2 = 3.2 \quad 3 \cdots 3$$
$$16 \times 0.2 = 3.2 \quad 3 \cdots 3$$
$$\vdots$$

したがって，$(0.B33\cdots)_{16}$ となる．

③ 16進数 (2)

$$(0.\underline{1011} \quad \underline{0011} \quad \underline{0011}\cdots)_2$$

11	3	3
↓	↓	↓
B	3	3 ………

したがって，$(0.B33\cdots)_{16}$ となる．

この例でもわかるように，小数点を含んだ10進数を2進数または16進数に変換すると，2^{-k} $(0.5, 0.25, 0125, \cdots)$ の形でないと<u>無限小数</u>になってしまうため正確に2進数または16進数へ変換ができないので，コンピュータでプログラムを組むときは注意を要する．

2.2　2進数の加算と乗算

(1) 加　算

$$0+0=0 \quad 0+1=1$$
$$1+0=1 \quad 1+1=10 \quad (\text{桁上げ}がある)$$

例 2.4

```
     101  ……  5
 +)  110  ……  6
    1011  ……  11
```

(2) 乗　算

$$0 \times 0 = 0 \quad 0 \times 1 = 0$$
$$1 \times 0 = 0 \quad 1 \times 1 = 1$$

例 2.5

```
      101   ……  5
   ×) 110   ……  6
     1010
   +) 101
    11110   ……  30
```

2.3　論理演算

(1) 否　定

2 値変数 x と y が，次の関係にあるとき，否定または "**NOT**" といい，$\overline{x}$ と表す．

$x = 0$ のとき $y = 1$　　$x = 1$ のとき $y = 0$

$y = \overline{x}$ (2.1)

(2) 論理積

2 値変数 x_1, x_2 の積の結果を y とすれば，

x_1, x_2 がともに 0 またはいずれかが 0 のとき → y は 0

x_1, x_2 がともに 1 のとき　　　　　　　　→ y は 1

となる (2.2 節 (2) 参照)．

このような関係を論理積または "**AND**" といい，$x_1 \cdot x_2, x_1 \cap x_2$ などで表す．

$y = x_1 \cdot x_2$ (2.2)

(3) 論理和

2 値変数 x_1, x_2 の和の結果を y とすれば，

x_1, x_2 がともに 0 のとき　　　　　　　　→ y は 0

x_1, x_2 のいずれかが 1 またはともに 1 のとき → y は 1

となる (2.2 節 (1) 参照．ただし $1 + 1 = 10$ は $1 + 1 = 1$ として扱う)．

このような関係を論理和または "**OR**" といい，$x_1 + x_2, x_1 \cup x_2$ などで表す．

$y = x_1 + x_2$ (2.3)

(4) 真理値表

上の 3 つの論理演算を整理すると表 2.1 のような関係となる．なお，このように論理変数と論理演算の結果を表にしたものを真理値表という．

表 2.1 論理演算の真理値表

論理変数		論理演算			
		AND	OR	NOT	
x_1	x_2	$x_1 \cdot x_2$	$x_1 + x_2$	$\overline{x_1}$	$\overline{x_2}$
0	0	0	0	1	1
0	1	0	1	1	0
1	0	0	1	0	1
1	1	1	1	0	0

例題 2.1 $\overline{x_1 \cdot x_2} = \overline{x_1} + \overline{x_2}$ となることを，真理値表を用いて表せ．

解

x_1	x_2	$x_1 \cdot x_2$	$\overline{x_1 \cdot x_2}$	$\overline{x_1}$	$\overline{x_2}$	$\overline{x_1} + \overline{x_2}$
0	0	0	1	1	1	1
0	1	0	1	1	0	1
1	0	0	1	0	1	1
1	1	1	0	0	0	0

例題 2.2 $\overline{x_1 + x_2} = \overline{x_1} \cdot \overline{x_2}$ となることを，真理値表を用いて表せ．

解

x_1	x_2	$x_1 + x_2$	$\overline{x_1 + x_2}$	$\overline{x_1}$	$\overline{x_2}$	$\overline{x_1} \cdot \overline{x_2}$
0	0	0	1	1	1	1
0	1	1	0	1	0	0
1	0	1	0	0	1	0
1	1	1	0	0	0	0

●● 演習問題 [2] ●●

2.1 10 進数 $(158)_{10}$ を 2 進数と 16 進数に変換せよ．変換方法も明記すること．

2.2 2 進数 $(1010101)_2$ を 10 進数と 16 進数に変換せよ．変換方法も明記すること．

2.3 16 進数 $(A4)_{16}$ を 10 進数と 2 進数に変換せよ．変換方法も明記すること．

2.4 10 進数，2 進数，16 進数の変換を行って，問表 2.1 の空欄を埋めよ．

問表 2.1

10 進法	2 進法	16 進法
90		
150		
	101101	
	111000111	
		F1
		1E8
30		
100		
	1001001	
	1101011	
		EC
		1AD

2.5 次の 10 進数を 2 進数と 16 進数で表せ．
 (1) 0.375 (2) 0.6875 (3) 0.1

2.6 次の 2 進数の加算をせよ．
 (1)　　　101011　　　(2)　　　111101
　　　+)　 10101　　　　　 +)　 10111

2.7 次の 2 進数の乗算をせよ．
 (1)　　　101011　　　(2)　　　11101
　　　×)　　 101　　　　　 ×)　 1011

2.8 x_1, x_2 を論理変数とするとき，次の式の真理値表を完成せよ．
 (1) $\overline{x_1} \cdot x_2 + x_1 \cdot \overline{x_2}$
 (2) $(\overline{x_1} + \overline{x_2}) \cdot (x_1 + x_2)$
 (3) $(x_1 + x_2) \cdot \overline{x_1 \cdot x_2}$

第3章

複素数

3.1 複素数

$\alpha = a + bi$ (a, b：実数) で表現できる数のことを複素数 (complex number) という．ここで，

$i = \sqrt{-1}$ ：虚数単位, $i^2 = -1$

$a = \mathrm{Re}(\alpha)$ ：実 (数) 部 (real part)

$b = \mathrm{Im}(\alpha)$ ：虚 (数) 部 (imaginary part)

である．電気電子工学では，電流の記号として i を使用するので，虚数単位としては "j" という記号を使用し，虚数単位 j は虚数部 b の前に書くことを慣習としているので，一般に複素数 α を次のように書き表す．

$$\alpha = a + jb \tag{3.1}$$

3.2 複素数の性質

(1) $a + jb = c + jd \rightarrow a = c,\ b = d$
(2) $a + jb = 0 \rightarrow a = b = 0$
(3) $\alpha = a + jb$ のとき，$\bar{a} = a - jb$ を共役複素数 (conjugate complex number) という．すなわち，虚数部の符号のみ + と − を入れ換えたものが共役複素数になる．
(4) $\dfrac{1}{j} = \dfrac{(-1) \times (-1)}{j} = \dfrac{-j^2}{j} = -j$

3.3 複素数の表示

図 3.1 のように，横軸に実数部，縦軸に虚数部をとるような平面を複素平面またはガウス平面という．複素数は，複素平面では点となり，

$$\alpha = a + jb = re^{j\theta}$$

と表すことができる．前者は直交表示，後者は指数関数表示という．また，指数関数表示を，$r\angle\theta$ と表すことがあり，これを極表示という．

3.3 複素数の表示

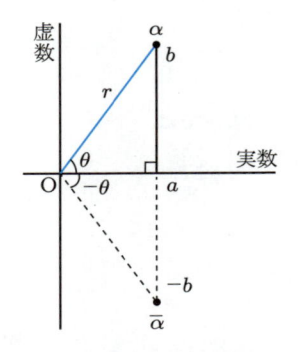

図 3.1 複素 (ガウス) 平面

図 3.1 から明らかなように，直交表示と指数関数 (または極) 表示の間には，次のような関係が成り立つ．

$$a = r\cos\theta, \quad b = r\sin\theta \tag{3.2}$$

$$r = \sqrt{a^2 + b^2}, \quad \theta = \tan^{-1}\frac{b}{a} \tag{3.3}$$

ここで，r を複素数の大きさといい，絶対値の記号をつけて $|\alpha|$ と表すことがある．また，角 θ を偏角という．なお，$\tan^{-1}$ は tan の逆関数を表す記号であり，アークタンジェントと読む．r と θ の値は，$0 \leq r < \infty$, $-\infty < \theta < \infty$ の範囲にあり，$\tan^{-1}$ は多価関数であるため，$-\pi/2 < \theta < \pi/2$ にあるものを偏角の主値という (9.2 節参照).

しかし，$-\pi \leq \theta \leq \pi$ の範囲で複素平面を考える場合には，θ の値は a, b の値により次のような範囲をとる．ただし，$a = b = 0$ の場合を除く．

$a \geq 0, \quad b \geq 0$ のとき， $0 \leq \theta \leq \pi/2$ 　　　（第 1 象限）

$a \leq 0, \quad b \geq 0$ のとき， $\pi/2 \leq \theta \leq \pi$ 　　　（第 2 象限）

$a \leq 0, \quad b \leq 0$ のとき， $-\pi \leq \theta \leq -\pi/2$ 　（第 3 象限）

$a \geq 0, \quad b \leq 0$ のとき， $-\pi/2 \leq \theta \leq 0$ 　　（第 4 象限）

なお，θ の単位は，指数関数表示では [rad]，極表示では [°] または [deg] を用いる (8.1 節参照).

ところで，指数関数および極表示で表した複素数の共役複素数は，次式のようになる．

$$\overline{\alpha} = re^{-j\theta} = r\angle -\theta \tag{3.4}$$

例題 3.1 $\alpha^3 - 1 = 0$ の 3 つの解を直交表示，指数関数表示および極表示で表し，複素平面に図示せよ．

解 与式を因数分解すると,

$$(\alpha - 1)(\alpha^2 + \alpha + 1) = 0$$

したがって,この式の解は,直交表示では,

$$\alpha = 1, \quad -\frac{1}{2} + j\frac{\sqrt{3}}{2}, \quad -\frac{1}{2} - j\frac{\sqrt{3}}{2}$$

指数関数表示では,

$$\alpha = 1e^0, \quad 1e^{j\frac{2}{3}\pi}, \quad 1e^{-j\frac{2}{3}\pi}$$

極表示では,

$$\alpha = 1\angle 0°, \quad 1\angle 120°, \quad 1\angle -120°$$

となる.これらの関係を複素平面に表示すると図 3.2 のようになる.
この 3 つの点は,原点を中心とする半径 1 の円周上にあり,正三角形の頂点に位置している.

図 3.2 直交表示と極表示

◆**注**◆ 指数関数表示で,大きさが 1 のときは省略する場合がある.

例題 3.2 $z^3 = j8$ のとき,z の値を求めよ.

解 $z^3 = j8 = 8e^{j\left(2m\pi + \frac{\pi}{2}\right)}$ ただし,$m = 0, 1, 2$ したがって,

$$z = 2e^{j\frac{\pi}{6}}, \quad 2e^{j\frac{5}{6}\pi}, \quad 2e^{j\frac{3}{2}\pi}$$

直交表示すると,

$$z = \sqrt{3} + j1, \quad -\sqrt{3} + j1, \quad -j2$$

3.4　複素数の加減算

$$(a + jb) + (c + jd) = (a + c) + j(b + d) \tag{3.5}$$
$$(a + jb) - (c + jd) = (a - c) + j(b - d)$$

3.5　複素数の乗算

(1)　$(a + jb)(c + jd) = (ac - bd) + j(bc + ad)$ \hfill (3.6)

(2)　$a + jb = r_1 e^{j\theta_1}, \quad c + jd = r_2 e^{j\theta_2}$ とおくと,

$$(a + jb)(c + jd) = r_1 e^{j\theta_1} \cdot r_2 e^{j\theta_2} = r_1 r_2 e^{j(\theta_1 + \theta_2)}$$
$$= r_1 r_2 \{\cos(\theta_1 + \theta_2) + j\sin(\theta_1 + \theta_2)\} \tag{3.7}$$

例 3.1　$2e^{j\frac{\pi}{3}} \cdot 2e^{j\frac{\pi}{6}} = 4e^{j\frac{\pi}{2}} = 4\angle 90° = 4(\cos 90° + j\sin 90°) = j4$

3.6　複素数の除算

(1)　$\dfrac{a+jb}{c+jd} = \dfrac{(a+jb)(c-jd)}{(c+jd)(c-jd)} = \dfrac{ac+bd}{c^2+d^2} + j\dfrac{bc-ad}{c^2+d^2}$　　　(3.8)

　　この方法は "分母を実数化する" とよばれている．

(2)　$a+jb = r_1 e^{j\theta_1}$, 　$c+jd = r_2 e^{j\theta_2}$ とおくと，

$$\dfrac{a+jb}{c+jd} = \dfrac{r_1 e^{j\theta_1}}{r_2 e^{j\theta_2}} = \dfrac{r_1}{r_2} e^{j(\theta_1 - \theta_2)} = \dfrac{r_1}{r_2} \angle (\theta_1 - \theta_2)$$

$$= \dfrac{r_1}{r_2}\{\cos(\theta_1 - \theta_2) + j\sin(\theta_1 - \theta_2)\} \quad (3.9)$$

◆**注**◆　複素数の乗除算については，おのおの 2 通りの方法があるが，どちらを用いて計算するかは，そのつど，都合のよい方を用いる．

3.7　オイラーの公式とド・モアブルの定理

複素数計算では，次に示す 2 つの定理を多用する．

$$re^{j\theta} = r\cos\theta + jr\sin\theta \quad \text{(オイラーの公式)} \quad (3.10)$$

$$(re^{j\theta})^n = r^n e^{jn\theta} = r^n(\cos n\theta + j\sin n\theta) \quad \text{(ド・モアブルの定理)} \quad (3.11)$$

この 2 つの関係の証明は，18.3 節で述べる．

●● 演習問題 [3] ●●

3.1　次の指数関数表示の複素数を直交表示で表せ．
  (1)　$e^{j\frac{\pi}{4}}$　　　　　　(2)　$\sqrt{2}e^{j\frac{3}{4}\pi}$　　　　　　(3)　$e^{j\pi}$
  (4)　$2e^{-j\frac{\pi}{3}}$　　　　　(5)　$5e^{j\frac{\pi}{2}}$　　　　　　(6)　$\sqrt{3}e^{-j\frac{2}{3}\pi}$
  (7)　$3e^{j0}$　　　　　　(8)　$2e^{-j\frac{\pi}{2}}$　　　　　(9)　$\sqrt{3}e^{-j\frac{16}{3}\pi}$

3.2　次の極表示の複素数を直交表示で表せ．
  (1)　$3\angle 30°$　　　　　(2)　$1\angle -60°$　　　　(3)　$2\angle 90°$
  (4)　$2\angle 120°$　　　　(5)　$\sqrt{3}\angle -150°$　　(6)　$-5\angle 135°$
  (7)　$5\angle -45°$　　　　(8)　$2\angle 180°$　　　　(9)　$1\angle 0°$

3.3　次の複素数の指数関数表示と極表示を求めよ．
  (1)　$1 - j\sqrt{3}$　　　　(2)　$-2 + j0$　　　　　(3)　$-1 + j\sqrt{3}$
  (4)　$-\dfrac{1}{2} - j\dfrac{\sqrt{3}}{2}$　　　(5)　2　　　　　　　　(6)　j
  (7)　$3\sqrt{3} + j9$　　　(8)　$-\sqrt{2} + j\sqrt{2}$　　　(9)　$1 - j$

3.4 次の複素数を計算し，直交表示で表せ．

(1) $(1+j)(1-j)$ (2) $(1+j)^2$ (3) $(1-j)^2$
(4) $(-1+j\sqrt{3})(\sqrt{3}+j)$ (5) $(1-j2)^3$ (6) $1+j+j^2$
(7) $\dfrac{1}{1+j}$ (8) $\dfrac{1-j}{1+j}$ (9) $1+\dfrac{-1+j\sqrt{3}}{2}+\left(\dfrac{-1+j\sqrt{3}}{2}\right)^2$

3.5 次の複素数を指数関数表示になおして計算せよ．

(1) $(1+j)(1-j)$ (2) $(1+j)^2$ (3) $(1-j)^2$
(4) $(-1+j\sqrt{3})(\sqrt{3}+j)$ (5) $\dfrac{1}{1+j}$ (6) $\dfrac{1-j}{1+j}$

3.6 問図 3.1 に示す複素平面上の点 A，B，C を複素数 (直交表示と指数関数表示) で表せ．

3.7 $z=3+j4$ とするとき，次の値を複素平面上に図示せよ．

(1) z (2) $\bar{z}$ (3) $-z$
(4) jz (5) $-jz$

3.8 $z=-\dfrac{1}{2}+j\dfrac{\sqrt{3}}{2}$ とするとき，次の計算を行って複素平面上に図示せよ．

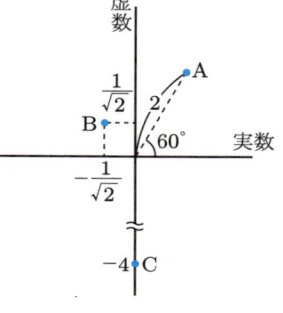

(1) $2z$ (2) z^2 (3) z^3
(4) $\bar{z}$ (5) $z+\bar{z}$ (6) $z\cdot\bar{z}$

問図 3.1

3.9 $z_1=x_1+jy_1, z_2=x_2+jy_2$ とするとき，次の計算を行え．

(1) $\overline{z_1+z_2}$ (2) $\overline{z_1}+\overline{z_2}$
(3) $\overline{z_1 z_2}$ (4) $\overline{z_1}\cdot\overline{z_2}$

3.10 次の式を計算して，(1)〜(5) は直交表示，(6)〜(8) は指数関数表示で表せ．

(1) $(1-j)^5$ (2) $\left(\dfrac{1}{\sqrt{3}-j}\right)^2$ (3) $(1+j\sqrt{3})^{\frac{1}{2}}$
(4) $(1-j\sqrt{3})^{\frac{1}{2}}$ (5) $(1+j)^{-3}$ (6) $(1+j)^n$
(7) $\left(\dfrac{1-j}{\sqrt{2}}\right)^n$ (8) $\left(\dfrac{-1+j\sqrt{3}}{2}\right)^{-n}$

◆注◆ (3) と (4) については，複素数の平方根なので，解が 2 つ存在する．

3.11 8 の 3 乗根を求め，指数関数表示，極表示，直交表示で表せ．

3.12 $Z=R+jX$ とするとき，$Y=\dfrac{1}{Z}$ を直交表示で表せ．

3.13 $Z=R+j\omega L+\dfrac{1}{j\omega C}$，$\omega=2\pi f$ とするとき，虚数部が 0 となるための f を求めよ．

第4章

関数と方程式

4.1　関数の種類

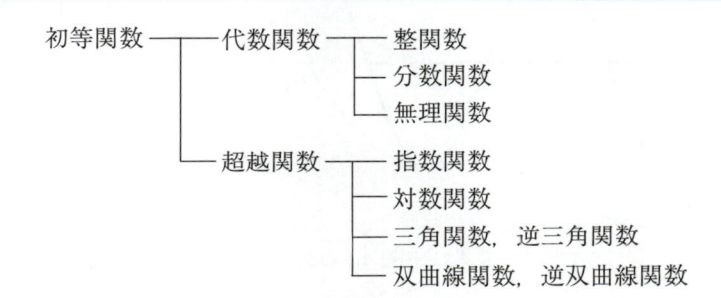

```
初等関数 ─┬─ 代数関数 ─┬─ 整関数
         │            ├─ 分数関数
         │            └─ 無理関数
         └─ 超越関数 ─┬─ 指数関数
                      ├─ 対数関数
                      ├─ 三角関数，逆三角関数
                      └─ 双曲線関数，逆双曲線関数
```

4.2　定義域と値域

$y = f(x)$ で変数 x のとり得る範囲を定義域という．定義域 x に対して y のとり得る範囲を値域という．この定義域と値域については，とくに分数関数や無理関数などを取り扱うときに十分注意する必要がある．

4.3　陰関数および媒介変数

$y = f(x)$	y は x の陽関数	(例)	$y = 3x^2 - 1$
$F(x,\ y) = 0$	y は x の陰関数	(例)	$x^2 + y^2 - 4 = 0$
$\begin{cases} x = f(t) \\ y = g(t) \end{cases}$	t は媒介変数	(例)	$x = a\cos t,\quad y = b\sin t$

例題 4.1　$x = V\sin\omega t,\ y = V\sin\left(2\omega t + \dfrac{\pi}{2}\right)$ のとき，ωt を消去して，y を x の関数として表せ．

解　x と y を図 4.1(a) に示す．y と x の関係を求めると次のようになる．

$$y = V\sin\left(2\omega t + \frac{\pi}{2}\right) = V\cos 2\omega t = V(1 - 2\sin^2\omega t)$$

$$= V\left\{1 - 2\left(\frac{x}{V}\right)^2\right\} = V - \frac{2}{V}x^2$$

すなわち，x と y の関係を図示すると，図 4.1(b) のように上に凸の放物線となる．これはリサジュー図形の 1 つである．なお，三角関数については，8.4 節の式 (8.2) と式 (8.4) を参照のこと．

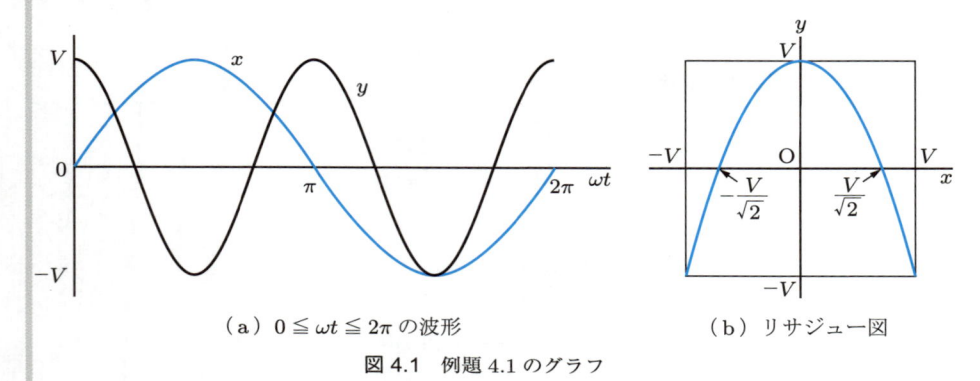

（a）$0 \leqq \omega t \leqq 2\pi$ の波形　　（b）リサジュー図

図 4.1　例題 4.1 のグラフ

4.4　逆関数

$y = f(x)$ を x について解いたとき，$x = g(y)$ であるとすると，x と y を入れ換えた $y = g(x)$ を $y = f(x)$ の逆関数という．

逆関数 $y = g(x)$ のグラフは，元の関数 $y = f(x)$ のグラフと直線 $y = x$ に関して対称となる．

例 4.1　$y = 3x^2 - 1$ の逆関数は次のようになる．

$$x = \pm\sqrt{\frac{y+1}{3}} \quad \text{より} \quad y = \pm\sqrt{\frac{x+1}{3}} \quad (x \geqq -1)$$

この例で，元の関数は，定義域 $-\infty < x < +\infty$ に対して，値域は $y \geqq -1$ となる．したがって，逆関数の定義域は $x \geqq -1$ となる (図 4.2 参照)．

4.5　2 次方程式

$ax^2 + bx + c = 0$ の解は，

$$x = \frac{-b \pm \sqrt{b^2 - 4ac}}{2a} \tag{4.1}$$

であり，$D = b^2 - 4ac$ において，

$D > 0$：異なる 2 つの実数解 (実根)

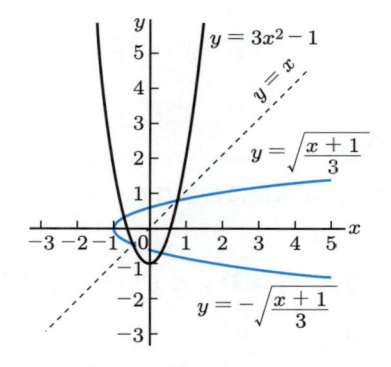

図 4.2　例 4.1 のグラフ

$D = 0$：重複解 (重根)
$D < 0$：共役複素数の関係にある **2** つの虚数解 (虚根)

をもつ．また，2 つの解を α, β とすると，解と係数には次の関係がある．

$$\alpha + \beta = -\frac{b}{a}, \quad \alpha\beta = \frac{c}{a} \tag{4.2}$$

4.6　分数方程式と無理方程式

　これらの方程式を解く際には，標準形 $f(x) = 0$ の形に変形して，その解を求め，はじめの方程式を満足するかどうか検算する必要がある．なお，解の条件としては，分数方程式においては分母 $\neq 0$，無理方程式においては根号内の値 $\geqq 0$ が前提となる．

例 4.2　$\dfrac{x-5}{x^2-1} + \dfrac{2}{x-1} + 3 = 0$ の解を求める．
　この分数方程式では，分母 $\neq 0$ より，$x \neq \pm 1$ が条件となる．

$$x - 5 + 2x + 2 + 3x^2 - 3 = 0$$
$$3x^2 + 3x - 6 = 3(x+2)(x-1) = 0$$
$$x = 1, \quad -2$$

条件 $x \neq \pm 1$ より，

$$x = -2$$

例 4.3　$\sqrt{2x} = x - 1$ の解を求める．
　この式の成立条件としては，$x \geqq 0$，$x - 1 \geqq 0$，すなわち，$x \geqq 1$ が条件となる．そこで，両辺を 2 乗して整理すると，$2x = (x-1)^2$ より，

$$x^2 - 4x + 1 = 0, \quad x = 2 \pm \sqrt{3}$$

与式の成立条件 $x \geqq 1$ より，
$$x = 2 + \sqrt{3}$$

4.7　複素方程式

複素数を含む関数は一般に初等関数に含まれないが，ここではとくに簡単な例をとり上げて説明する．

例 4.4　次の複素方程式を満たす実数 x と y の値を求める．
$$x - (2-j)^2 + j(y+4) = 0$$
この式を実数部と虚数部に整理する．
$$x - (4 - j4 - 1) + j(y+4) = 0$$
$$(x-3) + j(y+8) = 0$$
したがって，$x = 3$，$y = -8$ が解となる (3.2 節参照)．

例題 4.2　$(x - a\sin\theta) + j(y - b\cos\theta) = 0$ であるとき，実数 x と y の関係式を導け．

解　与えられた式から，次の関係式を得る (3.2 節参照)．
$$x = a\sin\theta, \quad y = b\cos\theta$$
これらの式から，θ を消去して x と y の関係式を求める．8.4 節で述べるように，三角関数には，$\sin^2\theta + \cos^2\theta = 1$ という関係が常に成り立つので，
$$\left(\frac{x}{a}\right)^2 + \left(\frac{y}{b}\right)^2 = 1$$
となる．この式は，12 章で示すように，x 軸との交点が $\pm a$，y 軸との交点が $\pm b$ の楕円となる．

4.8　不等式

(1) 不等式の基本的性質

$a < b$ のとき，
$$a + c < b + c, \quad a - c < b - c$$
$$m > 0 \text{ なら } ma < mb, \quad m < 0 \text{ なら } ma > mb$$

(2) 1 次，2 次不等式

① $ax > b$ の解は，
$$a > 0 \text{ のとき } x > \frac{b}{a}, \quad a < 0 \text{ のとき } x < \frac{b}{a},$$

$a = 0$ のとき　$b \geqq 0$ ならば，解なし

　　　　　　　$b < 0$ ならば，すべての数

② $\alpha < \beta$ とするとき，

$$(x-\alpha)(x-\beta) > 0 \;\to\; x < \alpha, \;\; x > \beta \quad (\text{図 4.3(a)})$$
$$(x-\alpha)(x-\beta) < 0 \;\to\; \alpha < x < \beta \quad\quad (\text{図 4.3(b)})$$

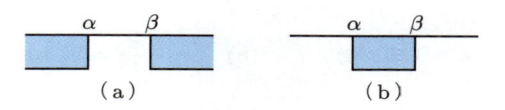

図 4.3　不等式の成立範囲

例題 4.3　$-3x^2 + 6x - 1 > 0$ を解け．

解　$x^2 - 2x + \dfrac{1}{3} < 0$

よって，

$(x-1)^2 < \dfrac{2}{3}$

すなわち，

$-\sqrt{\dfrac{2}{3}} < x - 1 < \sqrt{\dfrac{2}{3}}$

$\therefore \; 1 - \sqrt{\dfrac{2}{3}} < x < 1 + \sqrt{\dfrac{2}{3}}$

4.9　必要条件と十分条件

　命題 $p \to q$ が真であるとき，q は p の必要条件 を満たすといい，p は q の十分条件 を満たすという．

　命題 $p \to q$, $q \to p$ がともに真であるとき，p は q の（または q は p の）必要十分条件 を満たすという．

　不等式や無理式の含まれる方程式を解いたりするときは，これらの条件をよく考慮する必要がある．すなわち，不等式や無理方程式を機械的に解いても（必要条件を満たしても），それが解となり得るか否かを（十分条件を満たすか否かを）吟味する必要がある．

例 4.5　$x = 1$（命題 p）$\to$ $x^2 = 1$（命題 q）は真であり，p は q の十分条件（q は p の必要条件）を満たしているが，$q \to p$ は真でない（なぜなら，$x^2 = 1 \to x = \pm 1$）

ので，p は q の必要条件 (q は p の十分条件) を満たしていない．したがって，p は q の (q は p の) 必要十分条件を満たしていない．

演習問題 [4]

4.1 次の各式の定義域と値域を求めよ．

(1) $y = \dfrac{1}{x}$ (2) $y = \sin x$ (3) $y = |x+1| + x$

(4) $y = \sqrt{x^2 - 1}$ (5) $y = \sqrt{1 - x^2}$ (6) $y = x^2 + bx + c$

(7) $\dfrac{x^2}{a^2} + \dfrac{y^2}{b^2} = 1$ $(a > 0,\ b > 0)$ (8) $\dfrac{x^2}{a^2} - \dfrac{y^2}{b^2} = 1$ $(a > 0,\ b > 0)$

(9) $y = \log x$

4.2 $x = a \cos t,\ y = b \sin t$ とするとき，t を消去して $F(x, y) = 0$ の形の式を求めよ．

4.3 次の式の逆関数を求めよ．また，この逆関数の定義域を示せ．

(1) $y = \sqrt{x - 2}$ (2) $y = x^2 - 1$ (3) $y = \dfrac{3 - x}{x - 2}$ $(x < 2)$

(4) $y = \dfrac{2x}{2x + 1}$ (5) $y = \sqrt{-x}$ $(x \leqq 0)$

4.4 2 次方程式 $2x^2 - 6x + 7 = 0$ の 2 つの解を $\alpha,\ \beta$ とするとき，次の値を求めよ．ただし，実数解のときは $\alpha > \beta$ とし，虚数解のときは α の虚数部 $> \beta$ の虚数部とする．

(1) $\alpha + \beta$ (2) $\alpha - \beta$ (3) $\alpha\beta$ (4) $\alpha^2 - \beta^2$

(5) $\dfrac{1}{\alpha} + \dfrac{1}{\beta}$ (6) $\alpha^3 - \beta^3$ (7) $\alpha^3 + \beta^3$

4.5 次の方程式を解け．

(1) $\dfrac{3}{x+1} - \dfrac{1}{x-3} + 2 = 0$ (2) $2\sqrt{x} = \sqrt{x+9} + 3$

(3) $\sqrt{x+2} - \sqrt{3x+4} + \sqrt{x-3} = 0$ (4) $\begin{cases} x - y = -1 \\ x - \sqrt{y+1} = 0 \end{cases}$

4.6 次の方程式を解け．ただし，x, y を実数として，$z = x + jy$ とおく．

(1) $z^2 + j3z - 3 = 0$ (2) $z^4 + 2 = 0$

4.7 次の不等式を同時に満足する x の範囲を求めよ．

(1) $x^2 - 7x + 10 < 0,\quad x^2 - 4x + 3 > 0$

(2) $6x^2 + x - 15 \leqq 0,\quad x^2 + x - 1 > 0$

(3) $2 \leqq |x| + 1 \leqq 3$

4.8 方程式 $x^2 + 2pqx + p^2 + q^2 = 1$ において，2 つの実数解の絶対値がともに 1 より小さいための必要十分条件を求めよ．

4.9 問図 4.1 において，電流 I_0 と I_1 を求めよ．

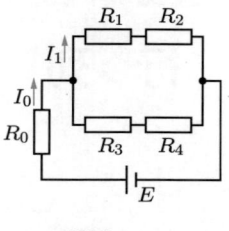

問図 4.1

4.10 問図 4.2 のように，内部抵抗 $r = 0.1$ [Ω]，起電力 $E = 3$ [V] の電池に抵抗 R [Ω] を接続したときに R で消費される電力を $P = 1$ [W] としたい．R の概略値を求めよ．ただし，$R > r$ とする．

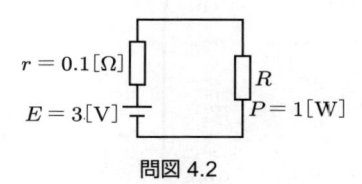

問図 4.2

第5章

行　列

5.1　行　列

　数または記号を配列したものを行列といい，個々の数または記号を要素という．要素の横の並びを行，縦の並びを列という．行と列の数は，必ずしも等しくなくてもよく，等しいものを正方行列という．行列は，次のように行列の要素をすべて表す場合と，(A) または $[A]$ のように表す場合がある．

$$\begin{pmatrix} a_{11} & a_{12} & \cdots\cdots & a_{1n} \\ a_{21} & a_{22} & \cdots\cdots & a_{2n} \\ \vdots & \vdots & & \vdots \\ a_{m1} & a_{m2} & \cdots\cdots & a_{mn} \end{pmatrix} \tag{5.1}$$

◆注◆　行列 (A) と次章で述べる行列式 $|A|$ とは本質的に異なるので注意すること．

5.2　行列の和と差および実数倍

(1) 和と差

$$\begin{pmatrix} a_{11} & a_{12} \\ a_{21} & a_{22} \end{pmatrix} \pm \begin{pmatrix} b_{11} & b_{12} \\ b_{21} & b_{22} \end{pmatrix} = \begin{pmatrix} a_{11} \pm b_{11} & a_{12} \pm b_{12} \\ a_{21} \pm b_{21} & a_{22} \pm b_{22} \end{pmatrix} \quad [複号同順] \tag{5.2}$$

すなわち，それぞれの行列の対応する要素の和または差をとればよい．

(2) 行列の実数 λ 倍

$$\lambda \begin{pmatrix} a_{11} & a_{12} \\ a_{21} & a_{22} \end{pmatrix} = \begin{pmatrix} \lambda a_{11} & \lambda a_{12} \\ \lambda a_{21} & \lambda a_{22} \end{pmatrix} \tag{5.3}$$

すなわち，実数 λ を行列の各要素にそれぞれかけ合わせたものとなる．

例 5.1　行列の和，差および実数倍を用いて，次の計算を行う．

$$2 \begin{pmatrix} 4 & 1 \\ -3 & 2 \end{pmatrix} + 3 \begin{pmatrix} -1 & 2 \\ 4 & -1 \end{pmatrix} - 4 \begin{pmatrix} 2 & -1 \\ -2 & 3 \end{pmatrix}$$

$$= \begin{pmatrix} 8-3-8 & 2+6+4 \\ -6+12+8 & 4-3-12 \end{pmatrix} = \begin{pmatrix} -3 & 12 \\ 14 & -11 \end{pmatrix}$$

5.3　行列積

$$\begin{pmatrix} a_{11} & a_{12} \\ a_{21} & a_{22} \end{pmatrix} \begin{pmatrix} b_{11} & b_{12} \\ b_{21} & b_{22} \end{pmatrix} = \begin{pmatrix} a_{11}b_{11}+a_{12}b_{21} & a_{11}b_{12}+a_{12}b_{22} \\ a_{21}b_{11}+a_{22}b_{21} & a_{21}b_{12}+a_{22}b_{22} \end{pmatrix} \quad (5.4)$$

すなわち，
$$(A)(B) = (C)$$

とおくと，積 (C) の第 ℓ 行第 m 列の要素は，(A) の第 ℓ 行と (B) の第 m 列を順次掛け合わせたものの和である．したがって，行列積に関しては次のような性質がある．

① $(A)(B)$ と $(B)(A)$ とは，一般に等しくならない．すなわち，**行列積はかけ合わせる順序が重要**となる．

② (A) が ℓ 行 k 列で (B) が k 行 m 列のとき，(C) は ℓ 行 m 列となる．すなわち，**(A) の列数と (B) の行数とは必ず等しくなければならない**．

例 5.2　$(A) = \begin{pmatrix} 4 & 1 \\ -3 & 2 \end{pmatrix}$, $(B) = \begin{pmatrix} -1 & 2 \\ 4 & -1 \end{pmatrix}$ のとき，行列積 $(A)(B)$ と $(B)(A)$ を求める．

$$(A)(B) = \begin{pmatrix} 4 & 1 \\ -3 & 2 \end{pmatrix} \begin{pmatrix} -1 & 2 \\ 4 & -1 \end{pmatrix} = \begin{pmatrix} -4+4 & 8-1 \\ 3+8 & -6-2 \end{pmatrix}$$

$$= \begin{pmatrix} 0 & 7 \\ 11 & -8 \end{pmatrix}$$

$$(B)(A) = \begin{pmatrix} -1 & 2 \\ 4 & -1 \end{pmatrix} \begin{pmatrix} 4 & 1 \\ -3 & 2 \end{pmatrix} = \begin{pmatrix} -4-6 & -1+4 \\ 16+3 & 4-2 \end{pmatrix}$$

$$= \begin{pmatrix} -10 & 3 \\ 19 & 2 \end{pmatrix}$$

以上より，上記の①で述べたように，行列積では，その順序によって結果がまったく異なってしまうことに注意しなければならない．

5.4　行列の計算法則

$$\{(A)(B)\}(C) = (A)\{(B)(C)\} \quad (5.5)$$

かけ合わせる順番を入れ換えなければ，どこからかけ算を行ってもよい．

$$\{(A)+(B)\}(C) = (A)(C)+(B)(C) \tag{5.6}$$
$$(C)\{(A)+(B)\} = (C)(A)+(C)(B) \tag{5.7}$$

{ }をはずしたときの積の順序に注意すること．

5.5 特殊行列

(1) 零行列
すべての要素が 0 である行列．

(2) 対角行列
正方行列の右下りの対角線上の要素以外(非対角要素)がすべて 0 である行列．

(3) 単位行列
対角行列で，対角要素がすべて 1 である行列．一般に (U) と表す．

(4) 転置行列
行と列を入れ換えた行列をいい，(A) の転置行列を $(A)^T$ と表す．

(5) 対称行列
$(A) = (A)^T$ の場合，(A) を対称行列といい，各要素の間には，$a_{ij} = a_{ji}$ の関係がある．電気電子工学でとり扱う行列は，この条件を満たすことが多い．

(6) 三角行列
主対角線より上，または下の部分がすべて 0 である行列．

例 5.3 3次の単位行列を示す．

$$\begin{pmatrix} 1 & 0 & 0 \\ 0 & 1 & 0 \\ 0 & 0 & 1 \end{pmatrix}$$

例 5.4 [例 5.2] で示した $(A), (B)$ の転置行列を求める．

$$(A)^T = \begin{pmatrix} 4 & -3 \\ 1 & 2 \end{pmatrix}, \quad (B)^T = \begin{pmatrix} -1 & 4 \\ 2 & -1 \end{pmatrix}$$

5.6 逆行列の定義

$$(A)(A)^{-1} = (U) \quad \text{または} \quad (A)^{-1}(A) = (U) \tag{5.8}$$

を満たすような行列 $(A)^{-1}$ を (A) の逆行列という．

なお，逆行列の具体的計算方法は，6.6 節で述べる．

5.7 逆順法則

① $\{(A)(B)\}^{-1} = (B)^{-1}(A)^{-1}$ (5.9)

ただし，(A), (B) ともに正則行列 (6.6 節参照)．

② $\{(A)(B)\}^T = (B)^T(A)^T$ (5.10)

③ $\{(A)^T\}^{-1} = \{(A)^{-1}\}^T$ (5.11)

ただし，(A) は正則行列 (6.6 節参照)．

例 5.5 [例 5.2] の (A), (B) と [例 5.4] の $(A)^T$, $(B)^T$ を用いて，式 (5.10) の関係が成り立つことを確認する．

$$\{(A)(B)\}^T = \begin{pmatrix} 0 & 7 \\ 11 & -8 \end{pmatrix}^T = \begin{pmatrix} 0 & 11 \\ 7 & -8 \end{pmatrix}$$

$$(B)^T(A)^T = \begin{pmatrix} -1 & 4 \\ 2 & -1 \end{pmatrix} \begin{pmatrix} 4 & -3 \\ 1 & 2 \end{pmatrix} = \begin{pmatrix} -4+4 & 3+8 \\ 8-1 & -6-2 \end{pmatrix}$$

$$= \begin{pmatrix} 0 & 11 \\ 7 & -8 \end{pmatrix}$$

したがって，$\{(A)(B)\}^T = (B)^T(A)^T$ が成り立っている．

5.8 2端子対定数行列

図 5.1 のように，ブラックボックスとなっている回路 (内部に電源を含まない回路) の 1 次側と 2 次側の関係が次の式で表されるとき，この定数 A, B, C, D を F パラメータ (2 端子対定数行列の代表的なもの) という．

$$\begin{pmatrix} V_1 \\ I_1 \end{pmatrix} = \begin{pmatrix} A & B \\ C & D \end{pmatrix} \begin{pmatrix} V_2 \\ I_2 \end{pmatrix}$$ (5.12)

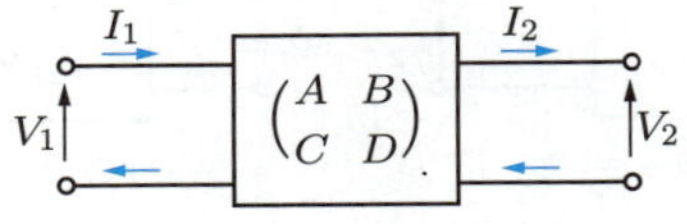

図 5.1 F パラメータ

例題 5.1 図 5.2(a) に示すような F パラメータが 2 段縦続に接続されているとき，同図 (b) に示すような全体の F パラメータ A, B, C, D の値を求めよ．

$A_1 = A_2 = 4 + j1$　　$B_1 = B_2 = 1 + j2 \, [\Omega]$
$C_1 = C_2 = 3 - j4 \, [\text{S}]$　　$D_1 = D_2 = 2 - j1$

（a）F パラメータの 2 段縦続接続　　　（b）（a）の等価回路

図 5.2 F パラメータの縦続接続

解
$$\begin{pmatrix} V_1 \\ I_1 \end{pmatrix} = \begin{pmatrix} 4+j1 & 1+j2 \\ 3-j4 & 2-j1 \end{pmatrix} \begin{pmatrix} V_2 \\ I_2 \end{pmatrix}$$

$$= \begin{pmatrix} 4+j1 & 1+j2 \\ 3-j4 & 2-j1 \end{pmatrix} \begin{pmatrix} 4+j1 & 1+j2 \\ 3-j4 & 2-j1 \end{pmatrix} \begin{pmatrix} V_3 \\ I_3 \end{pmatrix}$$

$$= \begin{pmatrix} 15+j8+11+j2 & 2+j9+4+j3 \\ 16-j13+2-j11 & 11+j2+3-j4 \end{pmatrix} \begin{pmatrix} V_3 \\ I_3 \end{pmatrix}$$

$$= \begin{pmatrix} 26+j10 & 6+j12 \\ 18-j24 & 14-j2 \end{pmatrix} \begin{pmatrix} V_3 \\ I_3 \end{pmatrix}$$

ゆえに，$A = 26 + j10$，$B = 6 + j12 \, [\Omega]$，$C = 18 - j24 \, [\text{S}]$，$D = 14 - j2$ となる．

2 端子対定数行列には，このほかにも次に示すような h パラメータや Y パラメータなどがある．これらのパラメータを図 5.3 に示す．この図と図 5.1 を比較してわかるように，2 次側電流の向きが逆向きに定義されることに注意する必要がある．

h パラメータ　$\begin{pmatrix} V_1 \\ I_2 \end{pmatrix} = \begin{pmatrix} h_{11} & h_{12} \\ h_{21} & h_{22} \end{pmatrix} \begin{pmatrix} I_1 \\ V_2 \end{pmatrix}$

Y パラメータ　$\begin{pmatrix} I_1 \\ I_2 \end{pmatrix} = \begin{pmatrix} Y_{11} & Y_{12} \\ Y_{21} & Y_{22} \end{pmatrix} \begin{pmatrix} V_1 \\ V_2 \end{pmatrix}$

各パラメータは，それぞれの特徴をいかして利用されている．

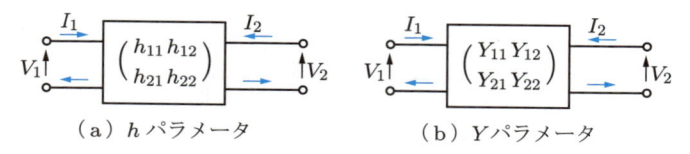

（a）h パラメータ　　　（b）Y パラメータ

図 5.3

演習問題 [5]

5.1 2つの行列 (A) と (B) が次のように与えられるとき，以下の計算を行え．

$$(A) = \begin{pmatrix} 3 & -4 \\ 1 & 2 \end{pmatrix}, \quad (B) = \begin{pmatrix} -1 & 4 \\ 2 & -1 \end{pmatrix}$$

(1) $(A) + (B)$ (2) $(A) - (B)$ (3) $2(A)$
(4) $3(B)$ (5) $2(A) + 3(B)$ (6) $2(A) - 3(B)$
(7) $(A)^T$ (8) $(B)^T$ (9) $(A)^2$
(10) $(B)^2$ (11) $(A)(B)$ (12) $(B)(A)$
(13) $(A)^2 - (B)^2$ (14) $\{(A)+(B)\}\{(A)-(B)\}$
(15) $\{(A)-(B)\}\{(A)+(B)\}$ (16) $\{(A)+(B)\}^T$
(17) $(B)^T(A)^T$

5.2 $(A) = \begin{pmatrix} 3 & -4 \\ 1 & 2 \end{pmatrix}$ とするとき，次の行列の積を求め，行列 (A) とどのような関係にあるかを説明せよ．

(1) $\begin{pmatrix} 1 & 0 \\ 0 & 1 \end{pmatrix} \begin{pmatrix} 3 & -4 \\ 1 & 2 \end{pmatrix}$ (2) $\begin{pmatrix} 0 & 1 \\ 1 & 0 \end{pmatrix} \begin{pmatrix} 3 & -4 \\ 1 & 2 \end{pmatrix}$

(3) $\begin{pmatrix} k & 0 \\ 0 & 1 \end{pmatrix} \begin{pmatrix} 3 & -4 \\ 1 & 2 \end{pmatrix}$ (4) $\begin{pmatrix} 1 & 0 \\ 0 & k \end{pmatrix} \begin{pmatrix} 3 & -4 \\ 1 & 2 \end{pmatrix}$

(5) $\begin{pmatrix} 1 & k \\ 0 & 1 \end{pmatrix} \begin{pmatrix} 3 & -4 \\ 1 & 2 \end{pmatrix}$ (6) $\begin{pmatrix} 1 & 0 \\ k & 1 \end{pmatrix} \begin{pmatrix} 3 & -4 \\ 1 & 2 \end{pmatrix}$

5.3 次の行列の積を求めよ．

(1) $\begin{pmatrix} 3 & -2 \\ -1 & 3 \\ 2 & 1 \end{pmatrix} \begin{pmatrix} 2 & 3 & -1 \\ 1 & 2 & -3 \end{pmatrix}$ (2) $\begin{pmatrix} 2 & 3 & -1 \\ 1 & 2 & -3 \end{pmatrix} \begin{pmatrix} 3 & -2 \\ -1 & 3 \\ 2 & 1 \end{pmatrix}$

(3) $\begin{pmatrix} 2 & 1 & -3 \\ 3 & -2 & 4 \end{pmatrix} \begin{pmatrix} 1 & 5 \\ 4 & 3 \\ 2 & 1 \end{pmatrix}$ (4) $\begin{pmatrix} 1 & 5 \\ 4 & 3 \\ 2 & 1 \end{pmatrix} \begin{pmatrix} 2 & 1 & -3 \\ 3 & -2 & 4 \end{pmatrix}$

(5) $\begin{pmatrix} \cos\theta & \sin\theta \\ -\sin\theta & \cos\theta \end{pmatrix}^2$ (6) $\begin{pmatrix} \cos\theta & \sin\theta \\ -\sin\theta & \cos\theta \end{pmatrix} \begin{pmatrix} \cos\theta & -\sin\theta \\ \sin\theta & \cos\theta \end{pmatrix}$

(7) $\begin{pmatrix} \cos\theta & -\sin\theta \\ \sin\theta & \cos\theta \end{pmatrix} \begin{pmatrix} \cos\theta & \sin\theta \\ -\sin\theta & \cos\theta \end{pmatrix}$ (8) $\begin{pmatrix} \cos\theta & -\sin\theta \\ \sin\theta & \cos\theta \end{pmatrix} \begin{pmatrix} r\cos\phi \\ r\sin\phi \end{pmatrix}$

5.4 $(A) = \dfrac{1}{\sqrt{2}} \begin{pmatrix} 1 & j \\ j & 1 \end{pmatrix}$, $(B) = \begin{pmatrix} 2+j & j \\ -1+j & 1 \end{pmatrix}$ とするとき，次の計算をせよ．

(1) $2(A)$ (2) $(A)^2$ (3) $(A) + (B)$ (4) $(A)(B)$
(5) $(B)(A)$ (6) $(B)^2$ (7) $(A)^T$ (8) $(B)^T$

(9) $\{(B)(A)\}^T$ (10) $(A)^T(B)^T$

5.5 $a = -\dfrac{1}{2} + j\dfrac{\sqrt{3}}{2}$ とし，$(A) = \begin{pmatrix} 1 & 1 & 1 \\ 1 & a & a^2 \\ 1 & a^2 & a \end{pmatrix}$，$(B) = \begin{pmatrix} 1 & 1 & 1 \\ 1 & a^2 & a \\ 1 & a & a^2 \end{pmatrix}$ とするとき，次の計算を行え．

(1) $(A) + (B)$ (2) $(A)(B)$ (3) $(B)(A)$

(4) $(Z) = \begin{pmatrix} Z_s & Z_m & Z_m \\ Z_m & Z_s & Z_m \\ Z_m & Z_m & Z_s \end{pmatrix}$ とおいたときの $(A)(Z)(B)$ と $(B)(Z)(A)$

5.6 問図 5.1 の (a)，(b) で表される F パラメータは次のようになる．

(a) $\begin{pmatrix} 1 & Z \\ 0 & 1 \end{pmatrix}$ (b) $\begin{pmatrix} 1 & 0 \\ Y & 1 \end{pmatrix}$

この結果を用いて，(c)～(f) のように縦続接続されたときの F パラメータを求めよ．

(1) 問図 5.1 (c) (2) 問図 5.1 (d)
(3) 問図 5.1 (e) (4) 問図 5.1 (f)

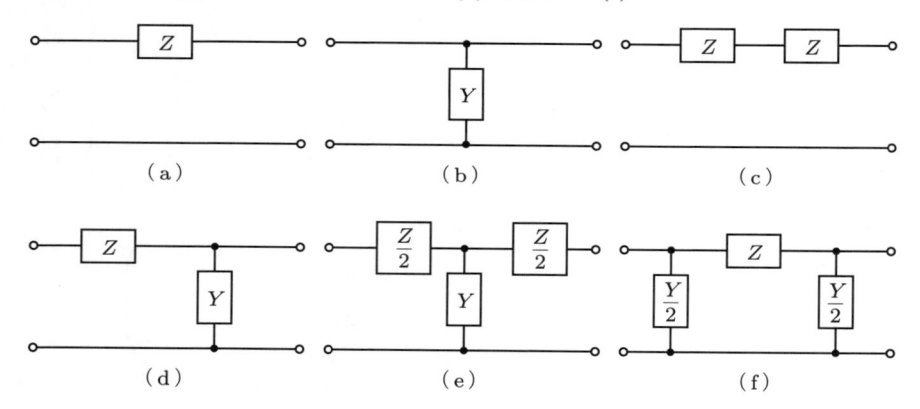

問図 5.1

5.7 問図 5.2 の回路の電圧と電流を次式で表したとき，以下の問いに答えよ．

$$\begin{pmatrix} V_1 \\ I_1 \end{pmatrix} = \begin{pmatrix} A & B \\ C & D \end{pmatrix} \begin{pmatrix} V_2 \\ I_2 \end{pmatrix}$$

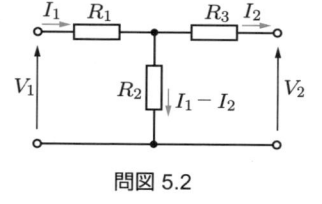

(1) キルヒホッフ則を用いて行列の要素 A, B, C, D を R_1, R_2, R_3 の関数として表せ．

(2) $\begin{pmatrix} A & B \\ C & D \end{pmatrix} = \begin{pmatrix} 1 & R_1 \\ 0 & 1 \end{pmatrix} \begin{pmatrix} 1 & 0 \\ \dfrac{1}{R_2} & 1 \end{pmatrix} \begin{pmatrix} 1 & R_3 \\ 0 & 1 \end{pmatrix}$ となることを示せ．

問図 5.2

第6章

行列式

6.1 行列式

行列式とは，数字または記号 (要素という) を横方向 (行) と縦方向 (列) に並べたもので，あるルール (6.2〜6.4 節参照) にもとづいて計算し，1 つの数，記号または数式で表すことができる．行列式は，一般に，

$$|A| \quad \text{または} \quad \det.(A)$$

と表し，行の数と列の数は必ず等しくなる (この数を次数という)．

行列式は，5 章で述べた行列と似た表現をしているが，その内容は本質的にまったく異なっている．すなわち，表現上も正方行列 $(A) = \begin{pmatrix} a & b \\ c & d \end{pmatrix}$ に対して，行列式は $|A| = \begin{vmatrix} a & b \\ c & d \end{vmatrix}$ と表して，その相違を明らかにしている．

6.2 サラス (Sarrus) の規則

2 次の行列式は，次のように計算する．

$$\begin{vmatrix} a & b \\ c & d \end{vmatrix} = ad - bc \tag{6.1}$$

この計算は，行列式の要素の左上と右下をかけたものから，右上と左下をかけたものを引く．

3 次の行列式は，次のように計算する．

$$\begin{vmatrix} a & b & c \\ d & e & f \\ g & h & i \end{vmatrix} = aei + bfg + chd - ceg - fha - idb \tag{6.2}$$

(符号：右下りは正，左下りは負)

なお，このサラスの規則による計算手法は，3 次の行列式までしか適用できない．4 次以上の場合は，6.4 節で述べる方法を用いる．

例 6.1 次の 3 次の行列式を計算する．

$$\begin{vmatrix} 2 & 1 & 3 \\ -1 & 2 & 1 \\ 3 & -2 & -1 \end{vmatrix} = 2 \cdot 2 \cdot (-1) + 1 \cdot 1 \cdot 3 + 3 \cdot (-2) \cdot (-1) \\ - 3 \cdot 2 \cdot 3 - 1 \cdot (-2) \cdot 2 - (-1) \cdot (-1) \cdot 1 \\ = -4 + 3 + 6 - 18 + 4 - 1 = -10$$

6.3　小行列式と余因子

与えられた行列式から i 行と j 列をとり去った行列式を，要素 a_{ij} の小行列式といい，これに $(-1)^{i+j}$ をかけたものを a_{ij} の余因子という．

例 6.2　[例 6.1] の行列式における 2 行 3 列の余因子を求める．

$$(-1)^{2+3} \begin{vmatrix} 2 & 1 \\ 3 & -2 \end{vmatrix} = -\begin{vmatrix} 2 & 1 \\ 3 & -2 \end{vmatrix} = -(-4-3) = 7$$

6.4　行列式の展開

3 次以上の行列式は，余因子を用いて次のような考え方で展開できる．

$$\Delta = \begin{vmatrix} a & b & c \\ d & e & f \\ g & h & i \end{vmatrix} = a\begin{vmatrix} e & f \\ h & i \end{vmatrix} - b\begin{vmatrix} d & f \\ g & i \end{vmatrix} + c\begin{vmatrix} d & e \\ g & h \end{vmatrix} \tag{6.3}$$

展開する場合には，どの行または列について行ってもよい．たとえば，上記の行列式は，次のように表すこともできる．

$$\Delta = -d\begin{vmatrix} b & c \\ h & i \end{vmatrix} + e\begin{vmatrix} a & c \\ g & i \end{vmatrix} - f\begin{vmatrix} a & b \\ g & h \end{vmatrix} \tag{6.4}$$

または，

$$\Delta = c\begin{vmatrix} d & e \\ g & h \end{vmatrix} - f\begin{vmatrix} a & b \\ g & h \end{vmatrix} + i\begin{vmatrix} a & b \\ d & e \end{vmatrix} \tag{6.5}$$

なお，2 次の行列式は必ず 6.2 節で述べた方法で求める．

例 6.3　[例 6.1] で示した 3 次の行列式を 1 列目に関して展開して求める．

$$\begin{vmatrix} 2 & 1 & 3 \\ -1 & 2 & 1 \\ 3 & -2 & -1 \end{vmatrix} = 2\begin{vmatrix} 2 & 1 \\ -2 & -1 \end{vmatrix} - (-1)\begin{vmatrix} 1 & 3 \\ -2 & -1 \end{vmatrix} + 3\begin{vmatrix} 1 & 3 \\ 2 & 1 \end{vmatrix}$$
$$= 2(-2+2) + 1(-1+6) + 3(1-6)$$
$$= 0 + 5 - 15 = -10$$

6.5 行列式の性質

① 行列式の行と列を入れ換えてもその値は変わらない.
  ◆注◆　②以降，行を列と読みかえることもできる.
② 任意の 2 つの行を入れ換えると，値の符号が変わる.
③ 任意の行のすべての要素が 0 であれば，行列式の値は 0 である.
④ 任意の行の各要素に他の行の要素を定数倍した要素を加減しても，行列式の値は変わらない (行列と異なることに注意せよ).
⑤ 2 つの行の対応する各要素が等しい行列式の値は 0 である.
⑥ 任意の行を k 倍すると，行列式の値は k 倍される．すなわち，任意の行のすべての要素の共通因子は行列式の外にくくりだせる.
⑦ 任意の行の各要素が n 個の数の和であれば，n 個の行列式の和で表せる.

例 6.4　[例 6.1] で示した 3 次の行列式の行と列を入れ換えた行列式の値を求め，[例 6.1] で得られた値と一致することを確認する (上記①の性質の確認).

$$\begin{vmatrix} 2 & -1 & 3 \\ 1 & 2 & -2 \\ 3 & 1 & -1 \end{vmatrix} = \begin{array}{l} 2 \cdot 2 \cdot (-1) + (-1) \cdot (-2) \cdot 3 + 3 \cdot 1 \cdot 1 \\ - 3 \cdot 2 \cdot 3 - (-2) \cdot 1 \cdot 2 - (-1) \cdot 1 \cdot (-1) \end{array}$$
$$= -4 + 6 + 3 - 18 + 4 - 1 = -10$$

例 6.5　[例 6.1] で示した 3 次の行列式の 1 行目と 3 行目を入れ換えた行列式の値を求め，[例 6.1] で得られた結果と値の符号が変わることを確認する (上記②の性質の確認).

$$\begin{vmatrix} 3 & -2 & -1 \\ -1 & 2 & 1 \\ 2 & 1 & 3 \end{vmatrix} = \begin{array}{l} 3 \cdot 2 \cdot 3 + (-2) \cdot 1 \cdot 2 + (-1) \cdot 1 \cdot (-1) \\ - (-1) \cdot 2 \cdot 2 - 1 \cdot 1 \cdot 3 - 3 \cdot (-1) \cdot (-2) \end{array}$$
$$= 18 - 4 + 1 + 4 - 3 - 6 = 10$$

例 6.6　[例 6.1] で示した行列式の 1 行目を 2 倍したものを 2 行目から減じ，1 行目を 2 倍したものを 3 行目に加えることにより行列式の値を求め，[例 6.1] の結果と一致することを確認する (上記④の性質の確認).

$$\begin{vmatrix} 2 & 1 & 3 \\ -1 & 2 & 1 \\ 3 & -2 & -1 \end{vmatrix} = \begin{vmatrix} 2 & 1 & 3 \\ -5 & 0 & -5 \\ 7 & 0 & 5 \end{vmatrix} = (-1)^{1+2} \cdot 1 \cdot \begin{vmatrix} -5 & -5 \\ 7 & 5 \end{vmatrix}$$
$$= (-1)(-25+35) = -10$$

例 6.7 次の2次の行列式を用いて，⑥の性質を確認する．

$$\begin{vmatrix} -5 & -5 \\ 7 & 5 \end{vmatrix} = -5 \cdot \begin{vmatrix} 1 & 1 \\ 7 & 5 \end{vmatrix} = -5 \cdot (5-7) = -5 \times (-2) = 10$$

または，

$$\begin{vmatrix} -5 & -5 \\ 7 & 5 \end{vmatrix} = 5 \begin{vmatrix} -5 & -1 \\ 7 & 1 \end{vmatrix} = 5(-5+7) = 10$$

例 6.8 次の2次の行列式を用いて，⑦の性質を確認する．

$$\begin{vmatrix} a+b+c & d+e+f \\ g & h \end{vmatrix} = h(a+b+c) - g(d+e+f)$$
$$= ah - dg + bh - eg + ch - fg$$
$$= \begin{vmatrix} a & d \\ g & h \end{vmatrix} + \begin{vmatrix} b & e \\ g & h \end{vmatrix} + \begin{vmatrix} c & f \\ g & h \end{vmatrix}$$

なお，③の性質は，6.2節または6.4節から明らかに成り立つ．また，⑤の性質は，④の性質を用いると1つの行の要素がすべて0となり，③の性質より明らかに成り立つ．

例題 6.1 次の4次の行列式の値を，余因子を用いた行列式展開とサラスの規則を用いて求めよ．

解 1行目の要素で余因子をつくり，3次にしてサラスの規則を適用する．なお，符号に十分注意すること．

$$\begin{vmatrix} 1 & 2 & 3 & 4 \\ 5 & 6 & 7 & 8 \\ 3 & 4 & 5 & 7 \\ 4 & 3 & 2 & 6 \end{vmatrix} = 1 \begin{vmatrix} 6 & 7 & 8 \\ 4 & 5 & 7 \\ 3 & 2 & 6 \end{vmatrix} - 2 \begin{vmatrix} 5 & 7 & 8 \\ 3 & 5 & 7 \\ 4 & 2 & 6 \end{vmatrix} + 3 \begin{vmatrix} 5 & 6 & 8 \\ 3 & 4 & 7 \\ 4 & 3 & 6 \end{vmatrix} - 4 \begin{vmatrix} 5 & 6 & 7 \\ 3 & 4 & 5 \\ 4 & 3 & 2 \end{vmatrix}$$

$$= 1 \cdot (6 \cdot 5 \cdot 6 + 7 \cdot 7 \cdot 3 + 8 \cdot 2 \cdot 4 - 8 \cdot 5 \cdot 3 - 7 \cdot 2 \cdot 6 - 6 \cdot 4 \cdot 7)$$
$$- 2 \cdot (5 \cdot 5 \cdot 6 + 7 \cdot 7 \cdot 4 + 8 \cdot 2 \cdot 3 - 8 \cdot 5 \cdot 4 - 7 \cdot 2 \cdot 5 - 6 \cdot 3 \cdot 7)$$
$$+ 3 \cdot (5 \cdot 4 \cdot 6 + 6 \cdot 7 \cdot 4 + 8 \cdot 3 \cdot 3 - 8 \cdot 4 \cdot 4 - 7 \cdot 3 \cdot 5 - 6 \cdot 3 \cdot 6)$$
$$- 4 \cdot (5 \cdot 4 \cdot 2 + 6 \cdot 5 \cdot 4 + 7 \cdot 3 \cdot 3 - 7 \cdot 4 \cdot 4 - 5 \cdot 3 \cdot 5 - 2 \cdot 3 \cdot 6)$$

$$\begin{aligned}
&= 1 \cdot (180 + 147 + 64 - 120 - 84 - 168) \\
&\quad - 2 \cdot (150 + 196 + 48 - 160 - 70 - 126) \\
&\quad + 3 \cdot (120 + 168 + 72 - 128 - 105 - 108) \\
&\quad - 4 \cdot (40 + 120 + 63 - 112 - 75 - 36) \\
&= 19 - 76 + 57 - 0 = 0
\end{aligned}$$

なお，この 4 次の行列式を行列式の性質①〜⑦を用いたいろいろな方法で同じ結果が得られることを，各自確認してみなさい．

6.6　逆行列と行列式

5.6 節で定義した逆行列を実際に計算する方法を以下に示す．すなわち，行列 (A) の逆行列 $(A)^{-1}$ を求めるには，行列式計算を必要とする．

$$(A) = \begin{pmatrix} a & b & c \\ d & e & f \\ g & h & i \end{pmatrix} \tag{6.6}$$

$$(A)^{-1} = \frac{1}{|A|} \begin{pmatrix} \begin{vmatrix} e & f \\ h & i \end{vmatrix} & -\begin{vmatrix} b & c \\ h & i \end{vmatrix} & \begin{vmatrix} b & c \\ e & f \end{vmatrix} \\ -\begin{vmatrix} d & f \\ g & i \end{vmatrix} & \begin{vmatrix} a & c \\ g & i \end{vmatrix} & -\begin{vmatrix} a & c \\ d & f \end{vmatrix} \\ \begin{vmatrix} d & e \\ g & h \end{vmatrix} & -\begin{vmatrix} a & b \\ g & h \end{vmatrix} & \begin{vmatrix} a & b \\ d & e \end{vmatrix} \end{pmatrix} \tag{6.7}$$

ここで，分母の大きさ $|A|$ は行列 (A) の要素で構成される行列式の値を示している．もし，$|A| = 0$ の場合には逆行列は存在せず，そのような行列を特異行列という．$|A| \neq 0$ の場合には正則行列という．

次に，$(A)^{-1}$ の各要素の求め方を述べる．
① 分母の大きさ：行列式 $|A|$ の値．
② 符号：ℓ 行 m 列の符号は $(-1)^{\ell+m}$ で求める．
③ 分子の大きさ：ℓ 行 m 列の要素は，行列 (A) の m 行目と ℓ 列目 (行と列を入れ換える点に注意) の要素を除いた残りの要素で構成される小行列式の値 (6.3 節参照)．

例題 6.2 次の 3 次の正方行列 (A) の逆行列 $(A)^{-1}$ を求めよ．

$$(A) = \begin{pmatrix} 1 & 2 & 3 \\ 0 & 1 & 2 \\ 2 & 3 & 0 \end{pmatrix}$$

解

$$\Delta = \begin{vmatrix} 1 & 2 & 3 \\ 0 & 1 & 2 \\ 2 & 3 & 0 \end{vmatrix} = 0 + 8 + 0 - 6 - 6 - 0 = -4$$

$$\Delta_{11} = \begin{vmatrix} 1 & 2 \\ 3 & 0 \end{vmatrix} = 0 - 6 = -6 \quad \Delta_{12} = -\begin{vmatrix} 2 & 3 \\ 3 & 0 \end{vmatrix} = -(0 - 9) = 9$$

$$\Delta_{13} = \begin{vmatrix} 2 & 3 \\ 1 & 2 \end{vmatrix} = 4 - 3 = 1 \quad \Delta_{21} = -\begin{vmatrix} 0 & 2 \\ 2 & 0 \end{vmatrix} = -(0 - 4) = 4$$

$$\Delta_{22} = \begin{vmatrix} 1 & 3 \\ 2 & 0 \end{vmatrix} = 0 - 6 = -6 \quad \Delta_{23} = -\begin{vmatrix} 1 & 3 \\ 0 & 2 \end{vmatrix} = -(2 - 0) = -2$$

$$\Delta_{31} = \begin{vmatrix} 0 & 1 \\ 2 & 3 \end{vmatrix} = 0 - 2 = -2 \quad \Delta_{32} = -\begin{vmatrix} 1 & 2 \\ 2 & 3 \end{vmatrix} = -(3 - 4) = 1$$

$$\Delta_{33} = \begin{vmatrix} 1 & 2 \\ 0 & 1 \end{vmatrix} = 1 - 0 = 1$$

したがって，逆行列 $(A)^{-1}$ は次のようになる．

$$(A)^{-1} = \frac{1}{-4} \begin{pmatrix} -6 & 9 & 1 \\ 4 & -6 & -2 \\ -2 & 1 & 1 \end{pmatrix} = \begin{pmatrix} 1.5 & -2.25 & -0.25 \\ -1 & 1.5 & 0.5 \\ 0.5 & -0.25 & -0.25 \end{pmatrix}$$

なお，この逆行列の結果が 5.6 節で示した $(A)(A)^{-1} = (A)^{-1}(A) = (U)$ を満足していることを各自確認してみなさい．

演習問題 [6]

6.1 次の行列式の値を求めよ．

(1) $\begin{vmatrix} 1 & 0 \\ 0 & 1 \end{vmatrix}$
(2) $\begin{vmatrix} 3 & 8 \\ 2 & 4 \end{vmatrix}$
(3) $\begin{vmatrix} 3 & -4 \\ 1 & 2 \end{vmatrix}$

(4) $\begin{vmatrix} -1 & 4 \\ 2 & -1 \end{vmatrix}$
(5) $\begin{vmatrix} \cos\theta & \sin\theta \\ -\sin\theta & \cos\theta \end{vmatrix}$
(6) $\begin{vmatrix} 1 & j \\ j & 1 \end{vmatrix}$

(7) $\begin{vmatrix} 1 & 2 & 3 \\ 4 & 5 & 6 \\ 7 & 8 & 9 \end{vmatrix}$ (8) $\begin{vmatrix} 2 & 3 & 2 \\ 1 & 5 & 6 \\ 0 & 2 & 3 \end{vmatrix}$ (9) $\begin{vmatrix} 2+j & j \\ -1+j & 1 \end{vmatrix}$

6.2 1行目に関して余因子を用いて展開し，次の行列式の値を求めよ．

(1) $\begin{vmatrix} 1 & 2 & 3 \\ 4 & 5 & 6 \\ 7 & 8 & 9 \end{vmatrix}$ (2) $\begin{vmatrix} 1 & a & a^2 \\ a & 1 & a \\ a^2 & a & 1 \end{vmatrix}$

6.3 前問において，2列目に関して余因子を用いて展開し，行列式の値を求めよ．

6.4 $\begin{vmatrix} a & x & y \\ 0 & b & z \\ 0 & 0 & c \end{vmatrix}$ の行列式の値を求めよ．

6.5 問 6.2 の行列式を，問 6.4 のように対角要素の左下側をすべて 0 とするように変形して，行列式の値を求めよ．

6.6 次の行列式 $|A|$, $|B|$ について，以下の問いに答えよ．

$$|A| = \begin{vmatrix} 1 & 3 & 5 & 0 \\ 2 & 4 & 6 & 0 \\ 0 & 1 & 3 & 5 \\ 0 & 2 & 4 & 6 \end{vmatrix}, \quad |B| = \begin{vmatrix} 3 & 2 & 0 & -1 \\ 4 & 2 & 0 & 3 \\ 0 & 0 & 5 & 4 \\ 0 & 1 & 2 & 6 \end{vmatrix}$$

(1) 1列目に関して余因子を用いて展開し，3行3列のサラスの規則を用いて行列式の値を求めよ．

(2) 2行1列目を0とするように変形してから1行1列目の余因子を用いて展開し，3行3列のサラスの規則を用いて行列式の値を求めよ．

(3) 下三角をすべて0とするように変形して，対角要素の積から行列式の値を求めよ．

6.7 $a = -\dfrac{1}{2} + j\dfrac{\sqrt{3}}{2}$ とするとき，次の行列式の値を求めよ．

(1) $\begin{vmatrix} 1 & a \\ a & 1 \end{vmatrix}$ (2) $\begin{vmatrix} 1 & a^2 \\ a^2 & 1 \end{vmatrix}$ (3) $\begin{vmatrix} 1 & a & a^2 \\ a & 1 & a \\ a^2 & a & 1 \end{vmatrix}$ (4) $\begin{vmatrix} 1 & 1 & 1 \\ 1 & a & a^2 \\ 1 & a^2 & a \end{vmatrix}$

6.8 次の行列式の値を求めよ．

(1) $\begin{vmatrix} a & b & c \\ b & c & a \\ c & a & b \end{vmatrix}$ (2) $\begin{vmatrix} a & b & b \\ b & a & b \\ b & b & a \end{vmatrix}$ (3) $\begin{vmatrix} 1 & 1 & 1 & 1 \\ 1 & a & b & c \\ 1 & b & c & a \\ 1 & c & a & b \end{vmatrix}$ (4) $\begin{vmatrix} 0 & 1 & 1 & a \\ 1 & 0 & 1 & b \\ 1 & 1 & 0 & c \\ 1 & 1 & 1 & d \end{vmatrix}$

6.9 行列 (A) が次のように与えられているとき，以下の問いに答えよ．

$$(A) = \begin{pmatrix} 7 & 3 \\ 5 & 2 \end{pmatrix}$$

(1) $|A|$ の値を求めよ．
(2) 余因子を用いた行列 (B) を求めよ．
(3) (B) の転置行列 (C) を求めよ．
(4) $(D) = (C)/|A|$ を求めよ．
(5) 行列の積 $(A)(D)$, $(D)(A)$ を求めよ．

6.10 行列 $\begin{pmatrix} 3 & 4 & 2 \\ 2 & 2 & 1 \\ 1 & 3 & 2 \end{pmatrix}$ について，問 6.9 と同様の問いに答えよ．

6.11 次の行列の逆行列を求めよ．

(1) $\begin{pmatrix} \cos\theta & -\sin\theta \\ \sin\theta & \cos\theta \end{pmatrix}$ 　　(2) $\begin{pmatrix} 2+j & j \\ 1-j & 1 \end{pmatrix}$ 　　(3) $\begin{pmatrix} 1 & 0 & 1 \\ 2 & 1 & 0 \\ 1 & -1 & 2 \end{pmatrix}$

(4) $\begin{pmatrix} 1 & 1 & 1 \\ 1 & a^2 & a \\ 1 & a & a^2 \end{pmatrix}$ 　　ただし，$a = -\dfrac{1}{2} + j\dfrac{\sqrt{3}}{2}$ とする．

第7章

連立方程式

　未知数の数と独立した方程式の数が等しい連立方程式は，次のような方法によって解を求めることができる．

7.1　消去法

次のような3元の連立方程式を例として説明する．

$$2x + 4y + 6z = 6 \qquad ①$$
$$3x + 8y + 7z = 15 \qquad ②$$
$$5x + 7y + 21z = 24 \qquad ③$$

①÷2 を求める．

$$x + 2y + 3z = 3 \qquad ①'$$

$-①' \times 3 + ②$ を求める．

$$2y - 2z = 6 \qquad ②'$$

$-①' \times 5 + ③$ を求める．

$$-3y + 6z = 9 \qquad ③'$$

$②' \div 2$ を求める．

$$y - z = 3 \qquad ②''$$

$-②'' \times (-3) + ③'$ を求める．

$$3z = 18 \qquad ③''$$

③″より z を求める．

$$z = 6 \qquad ④$$

④を②″に代入して y を求める．

$$y = 3 + z = 3 + 6 = 9 \qquad ⑤$$

④と⑤を①′に代入して x を求める．

$$x = 3 - 2y - 3z = 3 - 18 - 18 = -33 \qquad ⑥$$

　以上により，式④〜⑥から x, y, z の値を求めることができる．この方法は，計算の手数はかかるが，解き方は基本的でわかりやすいのが特長となっている．また，この方法はコンピュータで連立方程式を解く際によく用いられる方法の1つであるガウスの消去法の基礎となっている．

例題 7.1 図 7.1 の回路で，電流 I_1, I_2 を求めよ．ただし，回路に関しては，次の連立方程式が成り立つ．

$$(r_1 + r_2)I_1 - r_2 I_2 = E_1 - E_2 \quad ①$$
$$-r_2 I_1 + (r_2 + R)I_2 = E_2 \quad ②$$

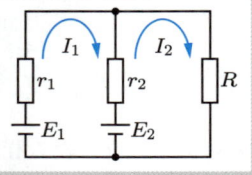

図 7.1 電気回路の例

解 ① $\div (r_1 + r_2)$ を求める．

$$I_1 - \frac{r_2}{r_1 + r_2} I_2 = \frac{E_1 - E_2}{r_1 + r_2} \quad ①'$$

$-①' \times (-r_2) + ②$ を求める．

$$\left(-\frac{r_2^2}{r_1 + r_2} + r_2 + R\right) I_2 = \frac{r_2(E_1 - E_2)}{r_1 + r_2} + E_2 \quad ②'$$

②′ を整理して I_2 を求める．

$$\frac{r_1 r_2 + (r_1 + r_2)R}{r_1 + r_2} I_2 = \frac{r_2 E_1 + r_1 E_2}{r_1 + r_2}$$

$$\therefore I_2 = \frac{r_2 E_1 + r_1 E_2}{r_1 r_2 + (r_1 + r_2)R} \quad ③$$

③を①′ に代入して I_1 を求める．

$$I_1 = \frac{E_1 - E_2}{r_1 + r_2} + \frac{r_2}{r_1 + r_2} \cdot \frac{r_2 E_1 + r_1 E_2}{r_1 r_2 + (r_1 + r_2)R}$$

$$= \frac{(r_1 + r_2)(r_2 + R)E_1 - (r_1 + r_2)RE_2}{(r_1 + r_2)\{r_1 r_2 + (r_1 + r_2)R\}}$$

$$= \frac{(r_2 + R)E_1 - RE_2}{r_1 r_2 + (r_1 + r_2)R} \quad ④$$

したがって，I_1, I_2 は式③，④のようになる．

7.2　逆行列を用いる方法

7.1 節で示した 3 元の連立方程式を行列で表示すると，次のようになる．

$$\begin{pmatrix} 2 & 4 & 6 \\ 3 & 8 & 7 \\ 5 & 7 & 21 \end{pmatrix} \begin{pmatrix} x \\ y \\ z \end{pmatrix} = \begin{pmatrix} 6 \\ 15 \\ 24 \end{pmatrix}$$

したがって，係数行列の逆行列を左側からかけると，未知数の行列を次のように表すことができる．

$$\begin{pmatrix} x \\ y \\ z \end{pmatrix} = \begin{pmatrix} 2 & 4 & 6 \\ 3 & 8 & 7 \\ 5 & 7 & 21 \end{pmatrix}^{-1} \begin{pmatrix} 6 \\ 15 \\ 24 \end{pmatrix}$$

そこで，6.6節で述べた逆行列の計算手法を用いて，係数行列の逆行列を求める．

$$\Delta = \begin{vmatrix} 2 & 4 & 6 \\ 3 & 8 & 7 \\ 5 & 7 & 21 \end{vmatrix}$$
$$= 2 \cdot 8 \cdot 21 + 4 \cdot 7 \cdot 5 + 6 \cdot 7 \cdot 3 - 6 \cdot 8 \cdot 5 - 7 \cdot 7 \cdot 2 - 21 \cdot 3 \cdot 4$$
$$= 336 + 140 + 126 - 240 - 98 - 252 = 12$$

$$\Delta_{11} = \begin{vmatrix} 8 & 7 \\ 7 & 21 \end{vmatrix} = 8 \cdot 21 - 7 \cdot 7 = 119$$

$$\Delta_{12} = -\begin{vmatrix} 4 & 6 \\ 7 & 21 \end{vmatrix} = -(4 \cdot 21 - 6 \cdot 7) = -42$$

$$\Delta_{13} = \begin{vmatrix} 4 & 6 \\ 8 & 7 \end{vmatrix} = 4 \cdot 7 - 6 \cdot 8 = -20$$

$$\Delta_{21} = -\begin{vmatrix} 3 & 7 \\ 5 & 21 \end{vmatrix} = -(3 \cdot 21 - 7 \cdot 5) = -28$$

$$\Delta_{22} = \begin{vmatrix} 2 & 6 \\ 5 & 21 \end{vmatrix} = 2 \cdot 21 - 6 \cdot 5 = 12$$

$$\Delta_{23} = -\begin{vmatrix} 2 & 6 \\ 3 & 7 \end{vmatrix} = -(2 \cdot 7 - 6 \cdot 3) = 4$$

$$\Delta_{31} = \begin{vmatrix} 3 & 8 \\ 5 & 7 \end{vmatrix} = 3 \cdot 7 - 8 \cdot 5 = -19$$

$$\Delta_{32} = -\begin{vmatrix} 2 & 4 \\ 5 & 7 \end{vmatrix} = -(2 \cdot 7 - 4 \cdot 5) = 6$$

$$\Delta_{33} = \begin{vmatrix} 2 & 4 \\ 3 & 8 \end{vmatrix} = 2 \cdot 8 - 4 \cdot 3 = 4$$

したがって，未知数行列は次のようになる．

$$\begin{pmatrix} x \\ y \\ z \end{pmatrix} = \frac{1}{12} \begin{pmatrix} 119 & -42 & -20 \\ -28 & 12 & 4 \\ -19 & 6 & 4 \end{pmatrix} \begin{pmatrix} 6 \\ 15 \\ 24 \end{pmatrix}$$

$$= \frac{1}{12} \begin{pmatrix} 119 \cdot 6 - 42 \cdot 15 - 20 \cdot 24 \\ -28 \cdot 6 + 12 \cdot 15 + 4 \cdot 24 \\ -19 \cdot 6 + 6 \cdot 15 + 4 \cdot 24 \end{pmatrix}$$

$$= \frac{1}{12} \begin{pmatrix} -396 \\ 108 \\ 72 \end{pmatrix} = \begin{pmatrix} -33 \\ 9 \\ 6 \end{pmatrix}$$

このようにして，未知数 x, y, z が求められる．

例題 7.2 例題 7.1 で示した連立方程式を行列を用いて求めよ．

解 連立方程式を行列で表示する．

$$\begin{pmatrix} r_1 + r_2 & -r_2 \\ -r_2 & r_2 + R \end{pmatrix} \begin{pmatrix} I_1 \\ I_2 \end{pmatrix} = \begin{pmatrix} E_1 - E_2 \\ E_2 \end{pmatrix}$$

したがって，I_1, I_2 で構成する行列を求める．

$$\begin{pmatrix} I_1 \\ I_2 \end{pmatrix} = \begin{pmatrix} r_1 + r_2 & -r_2 \\ -r_2 & r_2 + R \end{pmatrix}^{-1} \begin{pmatrix} E_1 - E_2 \\ E_2 \end{pmatrix}$$

$$= \frac{1}{(r_1 + r_2)(r_2 + R) - r_2{}^2} \begin{pmatrix} r_2 + R & r_2 \\ r_2 & r_1 + r_2 \end{pmatrix} \begin{pmatrix} E_1 - E_2 \\ E_2 \end{pmatrix}$$

$$= \frac{1}{r_1 r_2 + (r_1 + r_2) R} \begin{pmatrix} (r_2 + R)(E_1 - E_2) + r_2 E_2 \\ r_2 (E_1 - E_2) + (r_1 + r_2) E_2 \end{pmatrix}$$

$$= \frac{1}{r_1 r_2 + (r_1 + r_2) R} \begin{pmatrix} (r_2 + R) E_1 - R E_2 \\ r_2 E_1 + r_1 E_2 \end{pmatrix}$$

この行列で示した I_1, I_2 は，例題 7.1 で求めた式③，④と一致した結果となっている．

7.3　行列式を用いる方法 (クラメルの公式)

行列を用いる方法では，逆行列と行列積により解を求めたが，これをもとにして，第 6 章で述べた行列式を用いて機械的に計算する方法を以下に示す．

次に示す連立方程式を，行列式を用いて解く．

$$\left. \begin{array}{l} a_{11} x + a_{12} y + a_{13} z = c_1 \\ a_{21} x + a_{22} y + a_{23} z = c_2 \\ a_{31} x + a_{32} y + a_{33} z = c_3 \end{array} \right\} \tag{7.1}$$

いま，係数行列の行列式の値を Δ とすると，

7.3 行列式を用いる方法 (クラメルの公式)

$$\Delta = \begin{vmatrix} a_{11} & a_{12} & a_{13} \\ a_{21} & a_{22} & a_{23} \\ a_{31} & a_{32} & a_{33} \end{vmatrix} \tag{7.2}$$

となる．**クラメル (Cramer) の公式**を適用し，この行列式の x の係数に相当する部分を定数でおき換えた行列式を Δ_x とする．同様に，y, z に対しても Δ_y, Δ_z が次式で求められる．

$$\Delta_x = \begin{vmatrix} c_1 & a_{12} & a_{13} \\ c_2 & a_{22} & a_{23} \\ c_3 & a_{32} & a_{33} \end{vmatrix}, \quad \Delta_y = \begin{vmatrix} a_{11} & c_1 & a_{13} \\ a_{21} & c_2 & a_{23} \\ a_{31} & c_3 & a_{33} \end{vmatrix}, \quad \Delta_z = \begin{vmatrix} a_{11} & a_{12} & c_1 \\ a_{21} & a_{22} & c_2 \\ a_{31} & a_{32} & c_3 \end{vmatrix} \tag{7.3}$$

よって，x, y, z の解は次のようにして求めることができる．

$$x = \frac{\Delta_x}{\Delta}, \quad y = \frac{\Delta_y}{\Delta}, \quad z = \frac{\Delta_z}{\Delta} \tag{7.4}$$

例 7.1 7.1 節で示した 3 元の連立方程式を行列式を用いて解くことにする．

分母の Δ は，7.2 節で示したものと同じであり，$\Delta = 12$ となる．$\Delta_x, \Delta_y, \Delta_z$ を求めると以下のとおりである．

$$\Delta_x = \begin{vmatrix} 6 & 4 & 6 \\ 15 & 8 & 7 \\ 24 & 7 & 21 \end{vmatrix}$$
$$= 6 \cdot 8 \cdot 21 + 4 \cdot 7 \cdot 24 + 6 \cdot 7 \cdot 15 - 6 \cdot 8 \cdot 24 - 7 \cdot 7 \cdot 6 - 21 \cdot 15 \cdot 4$$
$$= 1008 + 672 + 630 - 1152 - 294 - 1260 = -396$$

$$\Delta_y = \begin{vmatrix} 2 & 6 & 6 \\ 3 & 15 & 7 \\ 5 & 24 & 21 \end{vmatrix}$$
$$= 2 \cdot 15 \cdot 21 + 6 \cdot 7 \cdot 5 + 6 \cdot 24 \cdot 3 - 6 \cdot 15 \cdot 5 - 7 \cdot 24 \cdot 2 - 21 \cdot 3 \cdot 6$$
$$= 630 + 210 + 432 - 450 - 336 - 378 = 108$$

$$\Delta_z = \begin{vmatrix} 2 & 4 & 6 \\ 3 & 8 & 15 \\ 5 & 7 & 24 \end{vmatrix}$$
$$= 2 \cdot 8 \cdot 24 + 4 \cdot 15 \cdot 5 + 6 \cdot 7 \cdot 3 - 6 \cdot 8 \cdot 5 - 15 \cdot 7 \cdot 2 - 24 \cdot 3 \cdot 4$$
$$= 384 + 300 + 126 - 240 - 210 - 288 = 72$$

したがって，式 (7.4) より，x, y, z は次のようになる．

$$x = \frac{\Delta_x}{\Delta} = \frac{-396}{12} = -33, \quad y = \frac{\Delta_y}{\Delta} = \frac{108}{12} = 9,$$

$$z = \frac{\Delta_z}{\Delta} = \frac{72}{12} = 6$$

この行列式による解法は，7.2 節で述べた逆行列を用いる方法より取り扱いが容易なので，7.1 節で述べた消去法とともに広く用いられている．

例題 7.3 例題 7.1 で示した連立方程式を行列式を用いて求めよ．

解
$$\Delta = \begin{vmatrix} r_1 + r_2 & -r_2 \\ -r_2 & r_2 + R \end{vmatrix} = (r_1 + r_2)(r_2 + R) - r_2^2 = r_1 r_2 + (r_1 + r_2)R$$

$$\Delta_1 = \begin{vmatrix} E_1 - E_2 & -r_2 \\ E_2 & r_2 + R \end{vmatrix}$$
$$= (r_2 + R)(E_1 - E_2) + r_2 E_2 = (r_2 + R)E_1 - RE_2$$

$$\Delta_2 = \begin{vmatrix} r_1 + r_2 & E_1 - E_2 \\ -r_2 & E_2 \end{vmatrix} = (r_1 + r_2)E_2 + r_2(E_1 - E_2) = r_2 E_1 + r_1 E_2$$

したがって，
$$I_1 = \frac{\Delta_1}{\Delta} = \frac{(r_2 + R)E_1 - RE_2}{r_1 r_2 + (r_1 + r_2)R}, \quad I_2 = \frac{\Delta_2}{\Delta} = \frac{r_2 E_1 + r_1 E_2}{r_1 r_2 + (r_1 + r_2)R}$$

7.4 複素連立方程式

係数および未知数が複素数の場合でも，複素数計算に注意すれば，前述の 3 つの方法で解くことができる．しかし，たとえばコンピュータを使用する場合などには，複素連立方程式を実数のみで表現した連立方程式に変形して解く手法が用いられる．以下に，その手法を説明する．

n 元の複素連立方程式を次のように行列で表す．

$$(a + jb)_{n,n}(x + jy)_{n,1} = (c + jd)_{n,1} \tag{7.5}$$

ここで，添字は行の数と列の数を示している．$(x + jy)$ が未知数とする．なお，$(a), (b), (x), (y), (c), (d)$ は，すべて実数で構成された行列を表す．

この式を，実数部と虚数部に分離すると，次のようになる．

実数部：$(a)_{n,n}(x)_{n,1} - (b)_{n,n}(y)_{n,1} = (c)_{n,1}$ \qquad(7.6)

虚数部：$(b)_{n,n}(x)_{n,1} + (a)_{n,n}(y)_{n,1} = (d)_{n,1}$ \qquad(7.7)

したがって，(x) と (y) を求めるためには，次の実数のみで表現された行列表示式を解けばよい．

$$\begin{pmatrix} (a) & -(b) \\ (b) & (a) \end{pmatrix}_{2n,2n} \begin{pmatrix} (x) \\ (y) \end{pmatrix}_{2n,1} = \begin{pmatrix} (c) \\ (d) \end{pmatrix}_{2n,1} \tag{7.8}$$

7.4 複素連立方程式

例題 7.4 下の連立方程式を，次の 2 つの方法で解け．
(1) 複素数で構成された行列式から直接求める方法
(2) 7.4 節で示した方法

$$\begin{cases} (1-j)x + j2y = 5 \\ j7x - 2(1+j)y = 2 \end{cases}$$

解 (1) の方法．

$$\Delta = \begin{vmatrix} 1-j & j2 \\ j7 & -2-j2 \end{vmatrix} = (1-j)(-2-j2) - (j2)(j7)$$
$$= -2 - 2 + j(2-2) + 14 = 10$$

$$\Delta_x = \begin{vmatrix} 5 & j2 \\ 2 & -2-j2 \end{vmatrix} = -10 - j10 - j4 = -10 - j14$$

$$x = \frac{\Delta_x}{\Delta} = \frac{-10 - j14}{10} = -1 - j1.4$$

$$\Delta_y = \begin{vmatrix} 1-j & 5 \\ j7 & 2 \end{vmatrix} = 2 - j2 - j35 = 2 - j37$$

$$y = \frac{\Delta_y}{\Delta} = \frac{2 - j37}{10} = 0.2 - j3.7$$

(2) の方法．

$x = x_r + jx_i,\ y = y_r + jy_i$ とおくと，実数のみで構成する式は，次のような 4 次の行列で表すことができる．

$$\begin{pmatrix} 1 & 0 & 1 & -2 \\ 0 & -2 & -7 & 2 \\ -1 & 2 & 1 & 0 \\ 7 & -2 & 0 & -2 \end{pmatrix} \begin{pmatrix} x_r \\ y_r \\ x_i \\ y_i \end{pmatrix} = \begin{pmatrix} 5 \\ 2 \\ 0 \\ 0 \end{pmatrix}$$

$$\Delta = \begin{vmatrix} 1 & 0 & 1 & -2 \\ 0 & -2 & -7 & 2 \\ -1 & 2 & 1 & 0 \\ 7 & -2 & 0 & -2 \end{vmatrix} = 100$$

$$\Delta_{x_r} = \begin{vmatrix} 5 & 0 & 1 & -2 \\ 2 & -2 & -7 & 2 \\ 0 & 2 & 1 & 0 \\ 0 & -2 & 0 & -2 \end{vmatrix} = -100, \quad \Delta_{y_r} = \begin{vmatrix} 1 & 5 & 1 & -2 \\ 0 & 2 & -7 & 2 \\ -1 & 0 & 1 & 0 \\ 7 & 0 & 0 & -2 \end{vmatrix} = 20$$

$$\Delta_{x_i} = \begin{vmatrix} 1 & 0 & 5 & -2 \\ 0 & -2 & 2 & 2 \\ -1 & 2 & 0 & 0 \\ 7 & -2 & 0 & -2 \end{vmatrix} = -140, \qquad \Delta_{y_i} = \begin{vmatrix} 1 & 0 & 1 & 5 \\ 0 & -2 & -7 & 2 \\ -1 & 2 & 1 & 0 \\ 7 & -2 & 0 & 0 \end{vmatrix} = -370$$

$$x = \frac{\Delta_{x_r} + j\Delta_{x_i}}{\Delta} = \frac{-100 - j140}{100} = -1 - j1.4$$

$$y = \frac{\Delta_{y_r} + j\Delta_{yi}}{\Delta} = \frac{20 - j370}{100} = 0.2 - j3.7$$

●○ 演習問題 [7] ○●

7.1 次の連立方程式を消去法を用いて解け．

(1) $\begin{cases} x + 2y = 3 \\ 3x + y = -1 \end{cases}$
(2) $\begin{cases} 6x + 2y = 52 \\ 2x + 5y = 13 \end{cases}$

(3) $\begin{cases} 2x - y = -1 \\ 5x + y = 15 \end{cases}$
(4) $\begin{cases} 3x + 2y = 5 \\ -2x + 3y = -12 \end{cases}$

(5) $\begin{cases} x + 3y - z = 2 \\ 2x - y + z = 6 \\ 3x + 2y - 4z = -4 \end{cases}$
(6) $\begin{cases} 3x - 5y + 7z = 9 \\ 2x + 3y - 4z = 10 \\ x - 2y + 3z = 3 \end{cases}$

7.2 次の連立方程式を逆行列を用いて解け．

(1) $\begin{cases} 2x + 3y = 12 \\ -x + 2y = 1 \end{cases}$
(2) $\begin{cases} x + 5y = 3 \\ 3x + 2y = -4 \end{cases}$

(3) $\begin{cases} x + y = 1 \\ y + z = 2 \\ z + x = 5 \end{cases}$
(4) $\begin{cases} 2x - 2y + z = 2 \\ x - y + 3z = -4 \\ x + 2y - z = 7 \end{cases}$

(5) $\begin{cases} x + y - 2z = 1 \\ 2x - y + z = 5 \\ 3x + 2y - 4z = 0 \end{cases}$
(6) $\begin{cases} x + y - 2z = -3 \\ 2x - y + z = 7 \\ 3x + 2y - 4z = -3 \end{cases}$

7.3 次の連立方程式をクラメルの公式 (7.3節参照) を用いて解け．

(1) $\begin{cases} 6x + 2y = 52 \\ 2x + 5y = 13 \end{cases}$
(2) $\begin{cases} x + 5y = 3 \\ 3x + 2y = -4 \end{cases}$

(3) $\begin{cases} 3x - 3y - z = 0 \\ -3x + 4y - 2z = -8 \\ -x - 2y + 2z = 2 \end{cases}$
(4) $\begin{cases} x + y = 1 \\ y + z = 2 \\ z + x = 5 \end{cases}$

(5) $\begin{cases} 3x - 2y - z = 3 \\ -2x + 7y - 3z = 0 \\ -x - 3y + 5z = 0 \end{cases}$

7.4 未知数 x, y が複素数である次の複素連立方程式を，以下の3つの方法を用いて解け．
(a) 逆行列を用いる方法　　　　　(b) クラメルの公式を用いる方法
(c) 7.4節の方法

(1) $\begin{cases} jx + jy = -2 \\ (1-j)x - (1+j)y = 4 \end{cases}$
(2) $\begin{cases} j2x + (1-j2)y = -4 - j5 \\ (2-j)x + j2y = 4 + j8 \end{cases}$

7.5 問図 7.1 の電気回路では次に示すような方程式が成立している．未知数 I_1, I_2, I_3 を以下に示す手順によって求めよ．

$$\begin{cases} I_1 + I_2 = I_3 \\ E_1 - r_1 I_1 = R I_3 \\ E_2 - r_2 I_2 = R I_3 \end{cases}$$

(1) 未知数の列をそろえる．
(2) 方程式を行列を用いて表す．
(3) 係数行列の逆行列を求める．
(4) (3) の逆行列と定数行列の積から未知数行列を求める．

7.6 問図 7.1 において，$E_1 = 1.5$ [V], $E_2 = 1.5$ [V], $r_1 = 0.05$ [Ω], $r_2 = 0.1$ [Ω], $R = 5$ [Ω] とする．$I_3 = I_1 + I_2$ を代入して，2元連立1次方程式としたのち，行列式を用いるクラメルの公式によって，I_1, I_2 および I_3 を求めよ．

7.7 問図 7.2 の回路において，各網目を流れる電流 I_a, I_b, I_c を求めよ．なお，この回路では次の連立方程式が成り立つ．

$$\begin{cases} 14 I_a - 2 I_b - 12 I_c = 18 \\ -2 I_a + 8 I_b - 3 I_c = 0 \\ -12 I_a - 3 I_b + 16 I_c = 0 \end{cases}$$

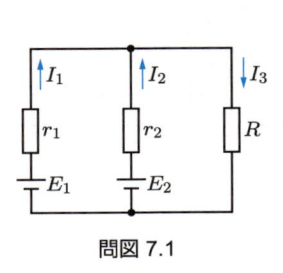

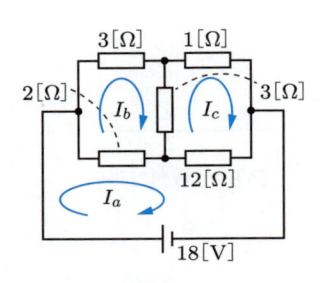

問図 7.1

問図 7.2

第8章

三角関数 (その1)

8.1 角度の表示法

角度には**度表示 (60 分法)** と**弧度表示 (弧度法)** とがあり，$180° = \pi$ [rad] である．

例 8.1 度表示と弧度表示の変換計算を求める．

$$30° = 30° \times \frac{\pi}{180°} = \frac{\pi}{6} \quad [\text{rad}]$$
$$150° = 150° \times \frac{\pi}{180°} = \frac{5}{6}\pi \quad [\text{rad}]$$
$$\frac{\pi}{3} \ [\text{rad}] = \frac{\pi}{3} \times \frac{180°}{\pi} = 60°$$
$$\frac{7}{6}\pi \ [\text{rad}] = \frac{7}{6}\pi \times \frac{180°}{\pi} = 210°$$

8.2 三角関数の定義

図 8.1 の直角三角形で，次のように定義する．

$$\sin\theta = \frac{y}{r} \qquad \cos\theta = \frac{x}{r} \qquad \tan\theta = \frac{\sin\theta}{\cos\theta} = \frac{y}{x}$$
$$\mathrm{cosec}\,\theta = \frac{1}{\sin\theta} = \frac{r}{y} \qquad \sec\theta = \frac{1}{\cos\theta} = \frac{r}{x} \qquad \cot\theta = \frac{1}{\tan\theta} = \frac{x}{y}$$

三角関数の値の符号は，θ のとる象限により表 8.1 のようになる．以後，とくによく用いられる sin, cos, tan について取り扱う．なお，符号は重要なのでよく注意する必要がある．

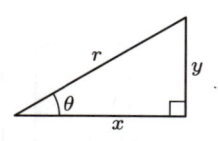

図 8.1 直角三角形

表 8.1 三角関数の符号

θ の象限	1	2	3	4
$\sin\theta$	+	+	−	−
$\cos\theta$	+	−	−	+
$\tan\theta$	+	−	+	−

8.3　三角関数の主な値

三角関数の主な値は，表 8.2 のとおりである．

表 8.2　三角関数の主な値

θ	$0°$	$30°$	$45°$	$60°$	$90°$
$\sin\theta$	0	$\dfrac{1}{2}$	$\dfrac{1}{\sqrt{2}}$	$\dfrac{\sqrt{3}}{2}$	1
$\cos\theta$	1	$\dfrac{\sqrt{3}}{2}$	$\dfrac{1}{\sqrt{2}}$	$\dfrac{1}{2}$	0
$\tan\theta$	0	$\dfrac{1}{\sqrt{3}}$	1	$\sqrt{3}$	$+\infty$（第 1 象限から） $-\infty$（第 2 象限から）

◆注◆　この表の値は，非常によく用いるので覚えておくこと．また，θ が $30°$ や $45°$ の倍数またはその負の値は，よく用いるので，次節の式 (8.2) などを利用して簡単に求められるようにしておく必要がある．

8.4　三角関数の基本公式

(1) 同じ角の関係

$$\left.\begin{array}{l} \sin^2\theta + \cos^2\theta = 1 \\ 1 + \tan^2\theta = \dfrac{1}{\cos^2\theta} = \sec^2\theta \end{array}\right\} \tag{8.1}$$

(2) 周期性と値の変化 (9.1 節参照)

$$\left.\begin{array}{ll} \sin(2\pi+\theta) = \sin\theta & \cos(2\pi+\theta) = \cos\theta \\ \tan(2\pi+\theta) = \tan\theta & \\ \sin(\pi+\theta) = -\sin\theta & \cos(\pi+\theta) = -\cos\theta \\ \tan(\pi+\theta) = \tan\theta & \\ \sin\left(\dfrac{\pi}{2}+\theta\right) = \cos\theta & \cos\left(\dfrac{\pi}{2}+\theta\right) = -\sin\theta \\ \tan\left(\dfrac{\pi}{2}+\theta\right) = -\dfrac{1}{\tan\theta} = -\cot\theta & \\ \sin(-\theta) = -\sin\theta & \cos(-\theta) = \cos\theta \\ \tan(-\theta) = -\tan\theta & \end{array}\right\} \tag{8.2}$$

例 8.2　式 (8.2) と表 8.2 を用いて，大きい角度の三角関数の値を求める．

① $\sin(-300°) = -\sin 300° = -\sin(360° - 60°) = -\sin(-60°)$
$\qquad\qquad = \sin 60° = \sqrt{3}/2$

② $\cos 600° = \cos(2 \times 360° - 120°) = \cos(-120°) = \cos(60° - 180°)$
$= -\cos 60° = -1/2$
③ $\tan(-780°) = -\tan 780° = -\tan(2 \times 360° + 60°)$
$= -\tan 60° = -\sqrt{3}$

(3) 加法定理

$$\left.\begin{array}{l} \sin(\alpha \pm \beta) = \sin\alpha\cos\beta \pm \cos\alpha\sin\beta \quad [\text{複号同順}] \\ \cos(\alpha \pm \beta) = \cos\alpha\cos\beta \mp \sin\alpha\sin\beta \quad [\text{複号同順}] \\ \tan(\alpha \pm \beta) = \dfrac{\tan\alpha \pm \tan\beta}{1 \mp \tan\alpha\tan\beta} \quad [\text{複号同順}] \end{array}\right\} \quad (8.3)$$

例題 8.1 加法定理を用いて，$\sin 75°$，$\cos 15°$，$\tan(-15°)$ の値を求めよ．

解 $\sin 75° = \sin(45° + 30°) = \sin 45° \cos 30° + \cos 45° \sin 30°$
$= \dfrac{1}{\sqrt{2}} \cdot \dfrac{\sqrt{3}}{2} + \dfrac{1}{\sqrt{2}} \cdot \dfrac{1}{2} = \dfrac{\sqrt{3}+1}{2\sqrt{2}}$
$\cos 15° = \cos(45° - 30°) = \cos 45° \cos 30° + \sin 45° \sin 30°$
$= \dfrac{1}{\sqrt{2}} \cdot \dfrac{\sqrt{3}}{2} + \dfrac{1}{\sqrt{2}} \cdot \dfrac{1}{2} = \dfrac{\sqrt{3}+1}{2\sqrt{2}}$
$\tan(-15°) = \tan(30° - 45°) = \dfrac{\tan 30° - \tan 45°}{1 + \tan 30° \tan 45°}$
$= \dfrac{\dfrac{1}{\sqrt{3}} - 1}{1 + \dfrac{1}{\sqrt{3}} \cdot 1} = \dfrac{1-\sqrt{3}}{\sqrt{3}+1} = -2 + \sqrt{3}$

(4) 倍角の公式 (加法定理で，$\alpha = \beta$ とおけば得られる)

$$\left.\begin{array}{l} \sin 2\alpha = 2\sin\alpha\cos\alpha \\ \cos 2\alpha = \cos^2\alpha - \sin^2\alpha = 2\cos^2\alpha - 1 = 1 - 2\sin^2\alpha \\ \tan 2\alpha = \dfrac{2\tan\alpha}{1 - \tan^2\alpha} \end{array}\right\} \quad (8.4)$$

例題 8.2 $\sin\alpha = 0.6$ で α が鋭角のとき，$\sin 2\alpha$，$\cos 2\alpha$，$\tan 2\alpha$ の値を求めよ．

解 $\sin^2\alpha + \cos^2\alpha = 1$ より，
$\cos^2\alpha = 1 - 0.6^2 = 0.64$
α が鋭角なので，
$\cos\alpha = 0.8 \qquad \tan\alpha = \dfrac{\sin\alpha}{\cos\alpha} = \dfrac{0.6}{0.8} = 0.75$
$\sin 2\alpha = 2\sin\alpha\cos\alpha = 2 \times 0.6 \times 0.8 = 0.96$

$$\cos 2\alpha = \cos^2 \alpha - \sin^2 a = 0.8^2 - 0.6^2 = 0.28$$
$$\tan 2\alpha = \frac{2\tan\alpha}{1-\tan^2\alpha} = \frac{2\times 0.75}{1-075^2} = \frac{1.5}{0.4375} = 3.429$$

（5） 半角の公式 (上述の $\cos 2\alpha$ の式から得られる)

$$\left.\begin{aligned}\sin^2\frac{\alpha}{2} &= \frac{1-\cos\alpha}{2} \qquad \cos^2\frac{\alpha}{2} = \frac{1+\cos\alpha}{2} \\ \tan\frac{\alpha}{2} &= \sqrt{\frac{1-\cos\alpha}{1+\cos\alpha}} = \frac{1-\cos\alpha}{\sin\alpha} = \frac{\sin\alpha}{1+\cos\alpha}\end{aligned}\right\} \quad (8.5)$$

例 8.3　式 (8.5) を用いて，$\sin 22.5°$, $\cos 15°$, $\tan(-22.5°)$ の値を求める．

$$\sin 22.5° = \sin\frac{45°}{2} = \sqrt{\frac{1-\cos 45°}{2}} = \sqrt{\frac{1-\frac{1}{\sqrt{2}}}{2}}$$
$$= \sqrt{\frac{2-\sqrt{2}}{4}} = \frac{\sqrt{2-\sqrt{2}}}{2}$$

$$\cos 15° = \cos\frac{30°}{2} = \sqrt{\frac{1+\cos 30°}{2}} = \sqrt{\frac{1+\frac{\sqrt{3}}{2}}{2}} = \sqrt{\frac{2+\sqrt{3}}{4}}$$
$$= \sqrt{\frac{4+2\sqrt{3}}{8}} = \frac{\sqrt{3}+1}{2\sqrt{2}}$$

$$\tan(-22.5°) = \tan\left(-\frac{45°}{2}\right) = -\tan\left(\frac{45°}{2}\right) = -\frac{\sin 45°}{1+\cos 45°}$$
$$= -\frac{\frac{1}{\sqrt{2}}}{1+\frac{1}{\sqrt{2}}} = -\frac{1}{1+\sqrt{2}} = 1-\sqrt{2}$$

（6） 積→和または差 (右辺に加法定理を適用して，それらの和または差を計算すれば得られる)

$$\left.\begin{aligned}\sin\alpha\cos\beta &= \frac{1}{2}\{\sin(\alpha+\beta)+\sin(\alpha-\beta)\} \\ \cos\alpha\sin\beta &= \frac{1}{2}\{\sin(\alpha+\beta)-\sin(\alpha-\beta)\} \\ \cos\alpha\cos\beta &= \frac{1}{2}\{\cos(\alpha+\beta)+\cos(\alpha-\beta)\} \\ \sin\alpha\sin\beta &= -\frac{1}{2}\{\cos(\alpha+\beta)-\cos(\alpha-\beta)\}\end{aligned}\right\} \quad (8.6)$$

(7) 和または差→積 (式 (8.6) の結果に, $\alpha = \dfrac{A+B}{2}$, $\beta = \dfrac{A-B}{2}$ を代入すれば得られる)

$$\left.\begin{aligned}\sin A + \sin B &= 2 \sin \frac{A+B}{2} \cos \frac{A-B}{2} \\ \sin A - \sin B &= 2 \cos \frac{A+B}{2} \sin \frac{A-B}{2} \\ \cos A + \cos B &= 2 \cos \frac{A+B}{2} \cos \frac{A-B}{2} \\ \cos A - \cos B &= -2 \sin \frac{A+B}{2} \sin \frac{A-B}{2}\end{aligned}\right\} \tag{8.7}$$

例題 8.3 次の式を簡単な形にせよ．

(1) $\dfrac{\sin(n-1)x + \sin(n+1)x}{\sin nx}$ (2) $\dfrac{\cos(n-1)x + \cos(n+1)x}{\cos nx}$

解 (1) $\dfrac{\sin(n-1)x + \sin(n+1)x}{\sin nx} = \dfrac{2\sin nx \cos(-x)}{\sin nx} = 2\cos x$

(2) $\dfrac{\cos(n-1)x + \cos(n+1)x}{\cos nx} = \dfrac{2\cos nx \cos(-x)}{\cos nx} = 2\cos x$

●● 演習問題 [8] ●●

8.1 度表示と弧度表示の変換を行え．

(1) $45°$ (2) $90°$ (3) $120°$ (4) $225°$ (5) $-15°$
(6) $\dfrac{\pi}{3}$ (7) $\dfrac{5}{12}\pi$ (8) $\dfrac{3}{4}\pi$ (9) $\dfrac{3}{2}\pi$ (10) $-\pi$

8.2 次の三角関数の値を求めよ．

(1) $\sin 45°$ (2) $\sin 90°$ (3) $\sin(-60°)$
(4) $\cos 120°$ (5) $\cos 240°$ (6) $\cos 270°$
(7) $\cos(-60°)$ (8) $\tan 150°$ (9) $\tan 180°$
(10) $\tan(-60°)$ (11) $\sin 3\pi$ (12) $\sin \dfrac{3}{2}\pi$
(13) $\sin \dfrac{2}{3}\pi$ (14) $\sin\left(-\dfrac{3}{4}\pi\right)$ (15) $\operatorname{cosec} \dfrac{2}{3}\pi$
(16) $\cos \pi$ (17) $\cos\left(-\dfrac{\pi}{3}\right)$ (18) $\cos\left(-\dfrac{7}{4}\pi\right)$
(19) $\cos \dfrac{\pi}{2}$ (20) $\sec\left(-\dfrac{\pi}{3}\right)$ (21) $\tan \dfrac{\pi}{6}$
(22) $\tan \dfrac{5}{6}\pi$ (23) $\tan \dfrac{3}{2}\pi$ (24) $\tan\left(-\dfrac{8}{3}\pi\right)$
(25) $\cot \dfrac{5}{6}\pi$

8.3 次の三角関数の値を求めよ．

(1) $\sin 405°$ (2) $\cos(-690°)$ (3) $\tan 870°$
(4) $\sin 15°$ (5) $\cos 105°$ (6) $\tan(-75°)$

8.4 α が鋭角で $\cos\alpha = 0.6$ のとき，次の値を求めよ．

(1) $\sin\alpha$ (2) $\tan\alpha$ (3) $\sin 2\alpha$ (4) $\cos 2\alpha$
(5) $\tan 2\alpha$ (6) $\sin 3\alpha$ (7) $\cos 3\alpha$ (8) $\sin 4\alpha$

8.5 θ が鋭角で $\tan\theta = t$ であるとき，次の値を t を用いて表せ．

(1) $\sin\theta$ (2) $\cos\theta$ (3) $\sin 2\theta$ (4) $\cos 2\theta$
(5) $\tan 2\theta$ (6) $\tan\dfrac{\theta}{2}$

8.6 半角の公式を用いて次の値を求めよ．

(1) $\sin 75°$ (2) $\cos(-22.5°)$ (3) $\tan 75°$

8.7 加法定理を適用して，次の関係が成り立つことを示せ．

(1) $\sin\left(\theta+\dfrac{\pi}{4}\right)=\dfrac{1}{\sqrt{2}}(\sin\theta+\cos\theta)$ (2) $\tan(\theta+\pi)=\tan\theta$
(3) $\sin(\pi\pm\theta)=\mp\sin\theta$ [複号同順] (4) $\cos\left(\dfrac{\pi}{2}\pm\theta\right)=\mp\sin\theta$ [複号同順]
(5) $\cos\left(\theta+\dfrac{\pi}{6}\right)+\cos\left(\theta-\dfrac{\pi}{6}\right)=\sqrt{3}\cos\theta$ (6) $\sin(2\theta+\theta)=3\sin\theta-4\sin^3\theta$

8.8 次の式を簡単にせよ．

(1) $\sin\left(\theta+\dfrac{2}{3}\pi\right)+\sin\left(\theta+\dfrac{4}{3}\pi\right)$
(2) $\cos\left(\dfrac{\pi}{2}-\theta\right)\sin(\pi-\theta)-\sin\left(\dfrac{\pi}{2}-\theta\right)\cos(\pi-\theta)$
(3) $\dfrac{1-\cos 2\theta}{\sin 2\theta}$

8.9 $\tan\dfrac{\theta}{2}=t$ とするとき，次の値を t を用いて表せ．

(1) $\sin\theta$ (2) $\cos\theta$ (3) $\tan\theta$ (4) $\cot\theta$

8.10 電圧の瞬時値を $e = E_m \sin\omega t$，電流の瞬時値を $i = I_m \sin(\omega t - \theta)$ とするとき，電力の瞬時値 $p = ie$ が次の式で表されることを示せ．

$$p = \dfrac{1}{2}I_m E_m \left\{\cos\theta - \sin\left(2\omega t + \dfrac{\pi}{2} - \theta\right)\right\}$$

8.11 次の問いに答えよ．

(1) 問図 8.1(a) の正弦波交流電圧 v の周期 T はいくらか．
(2) v を時間 t の関数として三角関数で表せ．なお，正弦波交流では $\omega T = 2\pi$ という関係が成り立つ．

(3) 問図 8.1(b) の回路のように，この電圧を 10 [Ω] の抵抗に加えたときの電流 i を三角関数で表せ．

(4) (3) のとき，抵抗に消費される瞬時電力 $(p = iv)$ を三角関数で表せ．

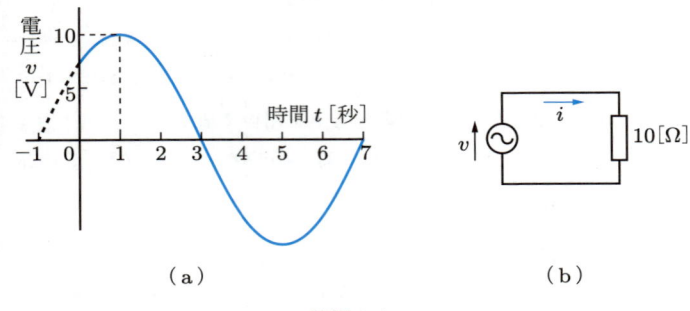

(a)   (b)

問図 8.1

第9章

三角関数 (その2)

9.1 三角関数のグラフと周期性

三角関数の $\sin\theta, \cos\theta, \tan\theta$ をグラフで表すと，図 9.1 のようになる．この図からも明らかなように，$\sin\theta, \cos\theta$ は 2π を周期とする周期関数，$\tan\theta$ は π を周期とする周期関数である．したがって，n を整数とすると，一般形として次のような関係式が成り立つ．

$$\sin(2n\pi + \theta) = \sin\theta \tag{9.1}$$

$$\cos(2n\pi + \theta) = \cos\theta \tag{9.2}$$

$$\tan(n\pi + \theta) = \tan\theta \tag{9.3}$$

9.2 逆三角関数

逆三角関数のグラフは図 9.1 の横軸と縦軸を入れ換えることにより表すことができる (図 9.2 参照)．このように逆三角関数は無限多価関数であるため，次の (1)〜(3) で示すように主値の領域を定める．主値は，一般解と区別するために大文字で書き始める．一般に電卓で逆三角関数を計算すると，この主値のみが表示される．

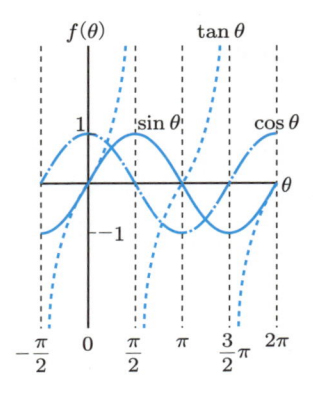

図 9.1 三角関数のグラフ

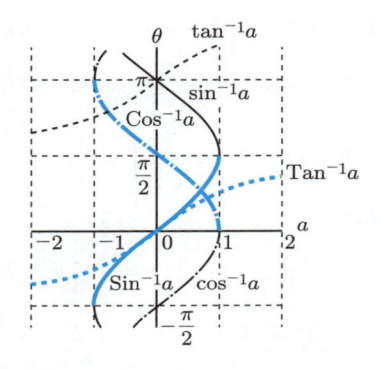

図 9.2 逆三角関数のグラフ
(青線は主値を表す)

(1) $\sin\theta = a$ のとき，この式を満たす θ の値を逆正弦といい，$\theta = \sin^{-1} a$ または $\theta = \arcsin a$ で表す．主値は，

$$-\frac{\pi}{2} \leqq \text{Sin}^{-1} a \leqq \frac{\pi}{2} \tag{9.4}$$

(2) $\cos\theta = a$ のとき，この式を満たす θ の値を逆余弦といい，$\theta = \cos^{-1} a$ または $\theta = \arccos a$ で表す．主値は，

$$0 \leqq \text{Cos}^{-1} a \leqq \pi \tag{9.5}$$

(3) $\tan\theta = a$ のとき，この式を満たす θ の値を逆正接といい，$\theta = \tan^{-1} a$ または $\theta = \arctan a$ で表す．主値は，

$$-\frac{\pi}{2} < \text{Tan}^{-1} a < \frac{\pi}{2} \tag{9.6}$$

ところで，逆三角関数の一般解は，9.1 節で述べた周期性と式 (8.2) を考慮すると，次のように表すことができる．

$$\sin^{-1} a = n\pi + (-1)^n \text{Sin}^{-1} a \tag{9.7}$$

$$\cos^{-1} a = 2n\pi \pm \text{Cos}^{-1} a \tag{9.8}$$

$$\tan^{-1} a = n\pi + \text{Tan}^{-1} a \tag{9.9}$$

例 9.1 $\sin\theta = \dfrac{1}{2}$ のとき，θ の主値は，

$$\theta = \text{Sin}^{-1} \frac{1}{2} = \frac{\pi}{6}$$

一般解は，

$$\theta = \frac{\pi}{6} + 2n\pi, \quad \theta = \frac{5}{6}\pi + 2n\pi$$

これら 2 つの解を一括して，$\theta = n\pi + (-1)^n \dfrac{\pi}{6}$ と表現することもできる．

例 9.2 $\cos\theta = -\dfrac{1}{\sqrt{2}}$ のとき，θ の主値は，

$$\theta = \text{Cos}^{-1}\left(-\frac{1}{\sqrt{2}}\right) = \frac{3}{4}\pi$$

一般解は，

$$\theta = \frac{3}{4}\pi + 2n\pi, \quad \theta = -\frac{3}{4}\pi + 2n\pi$$

これら 2 つの解を一括して，$\theta = 2n\pi \pm \dfrac{3}{4}\pi$ と表現することもできる．

例 9.3 $\tan\theta = -\sqrt{3}$ のとき，θ の主値は，

$$\theta = \text{Tan}^{-1}(-\sqrt{3}) = -\frac{\pi}{3}$$

一般解は,
$$\theta = -\frac{\pi}{3} + 2n\pi, \quad \theta = \frac{2}{3}\pi + 2n\pi$$

これら 2 つの解を一括して, $\theta = n\pi - \frac{\pi}{3}$ と表現することもできる.

9.3 　 正弦波関数 (図 9.3 参照)

(1) 正弦波の分解と合成

$$u = A_m \sin(\omega t + \phi) \xrightarrow[\text{合成}]{\text{分解}} u = a \sin \omega t + b \cos \omega t \tag{9.10}$$

ここで, 両者には次のような関係が成り立つ.

振幅: $A_m = \sqrt{a^2 + b^2}$ 　 初期位相角: $\phi = \tan^{-1} \frac{b}{a}$ 　　(9.11)

正弦成分: $a = A_m \cos \phi$ 　 余弦成分: $b = A_m \sin \phi$ 　　(9.12)

ところで, ω [rad/s] は角周波数で, 周波数 f [Hz] とは, $\omega = 2\pi f$ の関係がある. また, 周期 T [s] は $T = 1/f$ という関係にある. なお, $A_m \geqq 0$ となる.

（a）　　　　　　　　　　（b）

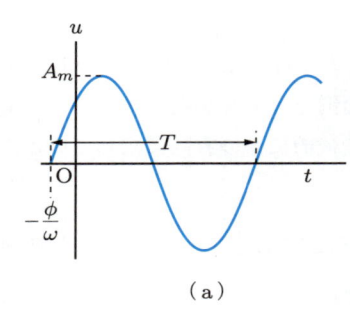

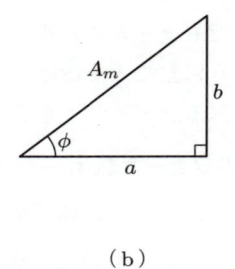

図 9.3 　 正弦波

例題 9.1 　 $u = 5 \sin\left(\omega t - \frac{\pi}{3}\right)$ を正弦と余弦の各成分に分解せよ.

解
$$a = 5 \cos\left(-\frac{\pi}{3}\right) = 5 \times \frac{1}{2} = 2.5$$
$$b = 5 \sin\left(-\frac{\pi}{3}\right) = 5 \times \left(-\frac{\sqrt{3}}{2}\right) = -4.33$$
$$u = a \sin \omega t + b \cos \omega t = 2.5 \sin \omega t - 4.33 \cos \omega t$$

例題 9.2 $u = -6\sin\omega t + 8\cos\omega t$ を 1 つの正弦式に合成せよ．

解 振幅 $A_m = \sqrt{(-6)^2 + 8^2} = 10$

初期位相角 $\phi = \tan^{-1}\dfrac{8}{-6} = 126.9° = 0.705\pi\,[\text{rad}]$

$u = A_m \sin(\omega t + \phi) = 10\sin(\omega t + 0.705\pi)$

なお，初期位相角は，a と b の符号により異なるので十分注意する必要がある (3.3 節参照)．

(2) 正弦波の和

$$A_1 \sin(\omega t + \theta_1) + A_2 \sin(\omega t + \theta_2) = A\sin(\omega t + \theta) \tag{9.13}$$

左辺を展開して整理すると，

$$(A_1 \cos\theta_1 + A_2 \cos\theta_2)\sin\omega t + (A_1 \sin\theta_1 + A_2 \sin\theta_2)\cos\omega t$$

ここで，$a = A_1 \cos\theta_1 + A_2 \cos\theta_2$，$b = A_1 \sin\theta_1 + A_2 \sin\theta_2$ とおいて，式 (9.11) の正弦波の合成を適用すると，

$$A = \sqrt{A_1^2 + A_2^2 + 2A_1 A_2 \cos(\theta_2 - \theta_1)} \tag{9.14}$$

$$\tan\theta = \frac{A_1 \sin\theta_1 + A_2 \sin\theta_2}{A_1 \cos\theta_1 + A_2 \cos\theta_2} \tag{9.15}$$

なお，ここでも θ を求める際には，a と b の符号により解が異なる．また，正弦波の和をこのようにして求めるのはかなり面倒な計算を必要とするため，電気電子工学では，次に述べるフェーザ表示を用いて機械的にかつ容易に求めている．

(3) 正弦波のフェーザ表示

$A_m \sin(\omega t + \phi)$ という正弦波を，実効値 (22.7 節参照) $A = \dfrac{A_m}{\sqrt{2}}$ と初期位相角 ϕ を用いて，$\dot{A} = A\angle\phi$ (ϕ は度表示) と表現する表示法をフェーザ表示という[1]．この表示は，3.3 節で述べた複素数の指数関数表示とまったく同じで，第 3 章で述べた複素数の各種計算手法をそのまま適用することができる．

例題 9.3 $v = 141\sin\left(\omega t + \dfrac{\pi}{6}\right) + 100\sin\left(\omega t - \dfrac{\pi}{3}\right)$ [V] をフェーザ表示を用いて，1 つの正弦波の関数として表示せよ (電卓を用いて計算する)．

---

[1] フェーザ表示の詳細については，西巻・森・荒井著「電気回路の基礎 (第 2 版)」(森北出版) の第 9 章と第 10 章に述べられているので参照していただきたい．

解 $\dot{V} = \dfrac{141}{\sqrt{2}} \angle 30° + \dfrac{100}{\sqrt{2}} \angle -60°$

$= 99.70 \angle 30° + 70.71 \angle -60°$ （フェーザ表示へ変換）

$= 86.34 + j49.85 + 35.36 - j61.24$ （3.3節と図 9.4 参照）

$= 121.7 - j11.39 = 122.2 \angle -5.35°$ （3.4節と 3.3 節参照）

$v = 122.2 \times \sqrt{2} \sin(\omega t - 5.35°)$

$= 172.8 \sin(\omega t - 0.0297\pi)$ [V]　（正弦波関数への変換）

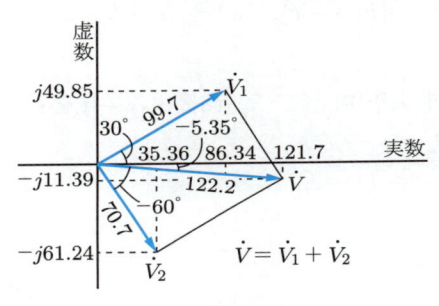

図 9.4　フェーザの和

9.4　三角形と三角関数

(1) 正弦定理

$$\dfrac{a}{\sin A} = \dfrac{b}{\sin B} = \dfrac{c}{\sin C} = 2R \quad (R：\text{外接円の半径}) \tag{9.16}$$

1 辺の長さと相対する角の正弦の比は一定であり，その値は外接円の外径と等しい (図 9.5 参照).

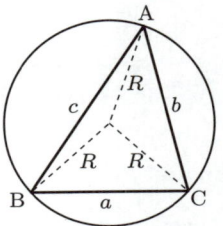

図 9.5　正弦定理

(2) 余弦定理

$$a^2 = b^2 + c^2 - 2bc\cos A \quad \text{または} \quad \cos A = \dfrac{b^2 + c^2 - a^2}{2bc} \tag{9.17}$$

$\cos B$，$\cos C$ についても，a, b, c を入れ換えることにより同様な式が成り立つ．なお，$\angle A = 90°$ の場合，$a^2 = b^2 + c^2$ となり，直角三角形の三平方の定理 (ピタゴラスの定理) となっている．

(3) 三角形の面積

① 2 辺挟角がわかっている場合

$$S = \frac{1}{2}bc \sin A \tag{9.18}$$

三角形の面積は，1 つの角の正弦とその角を挟む 2 辺の長さの積の 1/2 となる．

② 3 辺がわかっている場合 (ヘロンの公式)

$$S = \sqrt{s(s-a)(s-b)(s-c)}, \quad s = \frac{1}{2}(a+b+c) \tag{9.19}$$

例題 9.4 △ABC の外接円の半径を R，内接円の半径を r とすれば，$S = \dfrac{abc}{4R} = rs$ であることを証明せよ．ただし，$s = \dfrac{1}{2}(a+b+c)$．

解 正弦定理から，

$$\sin A = \frac{a}{2R}$$

したがって，△ABC の面積 S は，式 (9.18) より，

$$S = \frac{1}{2}bc \sin A = \frac{1}{2}bc \cdot \frac{a}{2R} = \frac{abc}{4R}$$

次に，図 9.6 から，内心を I とすると，

$$\triangle \text{IAB} = \frac{1}{2}cr, \quad \triangle \text{IBC} = \frac{1}{2}ar, \quad \triangle \text{ICA} = \frac{1}{2}br$$

であるから，

$$S = \triangle \text{IAB} + \triangle \text{IBC} + \triangle \text{ICA} = \frac{1}{2}(a+b+c)r = rs$$

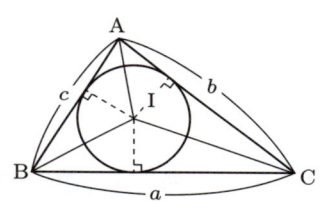

図 9.6 例題 9.4

例題 9.5 余弦定理を証明せよ．

解 図 9.7 より，

$$\text{BD}^2 + \text{DC}^2 = \text{BC}^2$$

ここで，BD $= c \sin A$, DC $= $ AC $-$ AD $= b - c \cos A$, BC $= a$ より，

$$c^2 \sin^2 A + (b - c \cos A)^2 = a^2$$

$$c^2 + b^2 - 2bc \cos A = a^2$$

という余弦定理の関係が成り立つ．

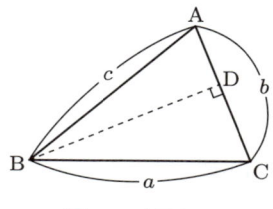

図 9.7 例題 9.5

演習問題 [9]

9.1 次の逆三角関数(主値)を求めよ．

(1) $\text{Sin}^{-1}\dfrac{\sqrt{3}}{2}$ (2) $\text{Cos}^{-1}\dfrac{1}{\sqrt{2}}$ (3) $\text{Tan}^{-1}\sqrt{3}$

(4) $\text{Sin}^{-1}\left(-\dfrac{1}{2}\right)$ (5) $\text{Cos}^{-1}\left(-\dfrac{1}{2}\right)$ (6) $\text{Tan}^{-1}(-1)$

(7) $\text{Sin}^{-1}(-1)$ (8) $\text{Cos}^{-1}\left(-\dfrac{\sqrt{3}}{2}\right)$ (9) $\text{Tan}^{-1}\left(-\dfrac{1}{\sqrt{3}}\right)$

(10) $\text{Cot}^{-1}\sqrt{3}$

9.2 次の方程式を満足する角を一般角で表せ．

(1) $\sin x = \dfrac{1}{\sqrt{2}}$ (2) $\cos x = 0$ (3) $\tan x = 1$

(4) $\sin x + \sqrt{3}\cos x = \sqrt{3}$ (5) $2\sin x \cos x - \tan x = 0$

9.3 次の式を正弦波とおいたときの振幅 A_m と初期位相角 ϕ を求めよ．

(1) $3\sin\omega t$ (2) $\dfrac{1}{2}\sin\left(\omega t - \dfrac{\pi}{3}\right)$

(3) $-\sqrt{2}\cos\left(\omega t + \dfrac{\pi}{3}\right)$ (4) $3\sin\omega t - \sqrt{3}\cos\omega t$

(5) $2\sin\omega t + \sqrt{3}\cos\omega t$ (6) $\sin\omega t - \cos\omega t$

9.4 次の関数の正弦成分と余弦成分を求めよ．

(1) $\dfrac{1}{2}\sin\left(\omega t - \dfrac{\pi}{3}\right)$ (2) $-\sqrt{2}\cos\left(\omega t + \dfrac{\pi}{3}\right)$

(3) $\sqrt{3}\sin\left(\omega t + \dfrac{5}{6}\pi\right)$

9.5 次の式を1つの正弦式で表せ．

(1) $-\sqrt{3}\sin\omega t + \cos\omega t$ (2) $2\sqrt{3}\sin\left(\omega t + \dfrac{\pi}{6}\right) - 4\sin\omega t$

(3) $2\sin\omega t + \sqrt{3}\sin\left(\omega t + \dfrac{5}{6}\pi\right)$ (4) $2\sin\left(\dfrac{\pi}{6} - \omega t\right) - 2\cos\omega t$

9.6 次の2つの式のグラフを描け．なお，横軸は ωt とする．次に，e_1 と e_2 を合成した式を求めて，同じグラフ用紙に描け．

$$e_1 = 2\sin\left(\omega t - \dfrac{\pi}{3}\right) \qquad e_2 = 5\sin\left(\omega t + \dfrac{\pi}{3}\right)$$

9.7 問図9.1のように，ベクトル $\overrightarrow{OA}$ (大きさ a，x軸との角 θ_A) と $\overrightarrow{OB}$ (大きさ b，x軸との角 θ_B) がある．このベクトルの和 $\overrightarrow{OC}$ の大きさを次の2つの方法を用いて求めよ．ただし，$\theta_B > \theta_A$ とする (ベクトルについては第13章参照)．

(1) 余弦定理を用いる方法
(2) x 成分と y 成分に分解して求める方法

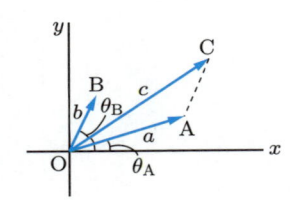

問図 9.1

9.8 次の正弦波の合成を，フェーザの和として求めよ．
$$e = 2\sin\left(\omega t - \frac{\pi}{3}\right) + 5\sin\left(\omega t + \frac{\pi}{3}\right)$$

9.9 問図 9.2 において，電源の電圧を $v = 10\sin\omega t$ [V] とすると，抵抗とコンデンサに流れる電流 i_R, i_C は次のように表される．
$$i_R = \frac{10}{R}\sin\omega t \quad [\text{A}], \qquad i_C = 10\omega C\cos\omega t \quad [\text{A}]$$

いま，$\omega = 3.14$ [rad/s]，$R = 5$ [Ω]，$C = 63.8 \times 10^{-3}$ [F] のとき，次の問いに答えよ．

(1) i_R と i_C をグラフに描け．
(2) $i = i_R + i_C$ を 1 つの三角関数で表せ．
(3) i をグラフに描け．

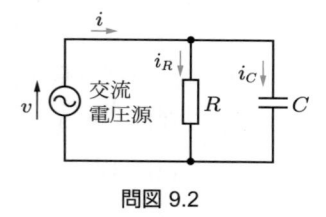

問図 9.2

第10章

指数関数と対数関数

10.1 指数法則

(1) $a > 0$, $b > 0$ のとき,
$$\left.\begin{array}{l} a^m \times a^n = a^{m+n} \quad \dfrac{a^m}{a^n} = a^{m-n} \\ (a^m)^n = a^{mn} \quad (ab)^n = a^n b^n \end{array}\right\} \tag{10.1}$$

(2) $a > 0$, $b > 0$, m と n が実数のとき,
$$\left.\begin{array}{l} \sqrt[n]{a^m} = (\sqrt[n]{a})^m = a^{m/n} \quad \dfrac{\sqrt[n]{a}}{\sqrt[n]{b}} = \left(\dfrac{a}{b}\right)^{1/n} \\ \sqrt[m]{\sqrt[n]{a}} = \sqrt[mn]{a} = a^{1/mn} \end{array}\right\} \tag{10.2}$$

例 10.1 (1) $64^{\frac{1}{4}} = (2^6)^{\frac{1}{4}} = 2^{\frac{3}{2}} = 2 \cdot 2^{\frac{1}{2}} = 2\sqrt{2}$

(2) $27^{-\frac{1}{3}} = (3^3)^{-\frac{1}{3}} = 3^{-1} = \dfrac{1}{3}$

(3) $a^{\frac{2}{3}} \times a^{\frac{7}{2}} \div a^{\frac{5}{6}} = a^{\frac{2}{3} + \frac{7}{2} - \frac{5}{6}} = a^{\frac{4+21-5}{6}} = a^{\frac{20}{6}} = a^{\frac{10}{3}}$

(4) $\sqrt[3]{x^2}\sqrt[6]{x^5} \div \sqrt[4]{x} = x^{\frac{2}{3} + \frac{5}{6} - \frac{1}{4}} = x^{\frac{8+10-3}{12}} = x^{\frac{15}{12}} = x^{\frac{5}{4}}$

例題 10.1 次の式を簡単にせよ.
(1) $9^{\frac{3}{2}} - 2^{-3} + 1^{\frac{4}{3}} + 8^{\frac{2}{3}} + 16^0$
(2) $(a^{-2}bc)^{\frac{4}{3}} \times (a^5 b^3 c^2)^{\frac{1}{2}} \div (a^3 b^{-2} c)^{\frac{2}{3}}$

解 (1) $9^{\frac{3}{2}} - 2^{-3} + 1^{\frac{4}{3}} + 8^{\frac{2}{3}} + 16^0$
$= 3^{2 \times \frac{3}{2}} - 2^{-3} + 1 + 2^{3 \times \frac{2}{3}} + 1 = 3^3 - 2^{-3} + 2^2 + 2$
$= 27 - \dfrac{1}{8} + 4 + 2 = 33 - 0.125 = 32.875$

(2) $(a^{-2}bc)^{\frac{4}{3}} \times (a^5 b^3 c^2)^{\frac{1}{2}} \div (a^3 b^{-2} c)^{\frac{2}{3}} = (a^{-\frac{8}{3}} b^{\frac{4}{3}} c^{\frac{4}{3}})(a^{\frac{5}{2}} b^{\frac{3}{2}} c)(a^{-2} b^{\frac{4}{3}} c^{-\frac{2}{3}})$
$= a^{-\frac{8}{3} + \frac{5}{2} - 2} b^{\frac{4}{3} + \frac{3}{2} + \frac{4}{3}} c^{\frac{4}{3} + 1 - \frac{2}{3}}$
$= a^{-\frac{13}{6}} b^{\frac{25}{6}} c^{\frac{5}{3}}$

10.2 指数関数と対数関数

$$\left.\begin{array}{l} \text{① 指数関数：} y = a^x \\ \text{② 対数関数：} y = \log_a x \end{array}\right\} \tag{10.3}$$

ここで，対数関数において a は対数の底といい，$a > 0$ で $a \neq 1$ でなければならない．また，x の定義域は $x > 0$ となる．

10.3 対数の性質

① $\log_a 1 = 0$ (10.4)

② $\log_a a = 1$ (10.5)

③ $\log_a (MN) = \log_a M + \log_a N$ (10.6)

④ $\log_a \left(\dfrac{M}{N} \right) = \log_a M - \log_a N$ (10.7)

⑤ $\log_a M^n = n \log_a M$ (10.8)

⑥ $\log_a b = \dfrac{\log_c b}{\log_c a}$ (10.9)

10.4 自然対数と常用対数

$$y = \log_a x \tag{10.10}$$

において，$a = e$ のときを自然対数，$a = 10$ のときを常用対数という．通常使用する数の体系は 10 進法であるから，常用対数 $\log_{10} x$ は数の計算に便利であり，自然対数 $\log_e x$ は微分法や積分法などを用いて関数の性質を調べるのに便利である．

なお，自然対数のとき，一般に対数の底 e は省略することができる．また，電卓などで，常用対数を $\log x$，自然対数を $\ln x$ と表示することもある．

例 10.2 (1) $\log_2 3 \cdot \log_3 4 = \dfrac{\log_{10} 3}{\log_{10} 2} \cdot \dfrac{\log_{10} 4}{\log_{10} 3} = \dfrac{2 \log_{10} 2}{\log_{10} 2} = 2$

◆注◆ この場合，対数の底は必ずしも 10 (常用対数) でなくてもよい．

(2) $\dfrac{4}{5} \log_{10} 32 + \log_{10} \dfrac{1}{3} - \log_{10} \dfrac{8}{15}$

$= \dfrac{4}{5} \log_{10} 2^5 - \log_{10} 3 - \log_{10} 2^3 + \log_{10} (3 \cdot 5)$

$= 4 \log_{10} 2 - \log_{10} 3 - 3 \log_{10} 2 + \log_{10} 3 + \log_{10} 5$

$= \log_{10} 2 + \log_{10} 5 = \log_{10} 10 = 1$

例題 10.2 次の各式を満たす x の値を求めよ．
(1) $x^{\frac{1}{4}} = \sqrt{5}$ (2) $\log_{0.5} x = 3$
(3) $\log_{10}(x-2) + \log_{10}(x-5) = 1$

解 (1) $\dfrac{1}{4}\log_{10}x = \log_{10}\sqrt{5} = \dfrac{1}{2}\log_{10}5$

$\log_{10}x = 2\log_{10}5 = \log_{10}5^2 \quad \therefore x = 5^2 = 25$

(2) $\log_{0.5}x = \dfrac{\log_{10}x}{\log_{10}0.5} = \dfrac{\log_{10}x}{-\log_{10}2} = 3$

$\log_{10}x = -3\log_{10}2 = \log_{10}2^{-3} \quad \therefore x = 2^{-3} = \dfrac{1}{2^3} = \dfrac{1}{8}$

(3) $\log_{10}(x-2) + \log_{10}(x-5) = 1$ より,

$\log_{10}(x-2)(x-5) = \log_{10}10 \quad (x-2)(x-5) = 10$

$x^2 - 7x = 0 \quad x(x-7) = 0 \quad x = 0$ または 7

ここで, 与式より $x > 5$ であるから, 解は $x = 7$ のみである.

例題 10.3 $\log_{10}2 = 0.3010,\ \log_{10}3 = 0.4771$ として, 次の値を求めよ.
(1) $\log_{10}600$ (2) $\log_{10}\sqrt{216}$ (3) $\log_{3}5$

解 (1) $\log_{10}600 = \log_{10}100 + \log_{10}2 + \log_{10}3$
$= 2 + 0.3010 + 0.4771 = 2.7781$

(2) $\log_{10}\sqrt{216} = \dfrac{1}{2}\log_{10}(8 \times 27) = \dfrac{1}{2}(\log_{10}2^3 + \log_{10}3^3)$
$= \dfrac{3}{2} \times 0.3010 + \dfrac{3}{2} \times 0.4771 = 0.4515 + 0.71565 = 1.16715$

(3) $\log_{3}5 = \dfrac{\log_{10}5}{\log_{10}3} = \dfrac{1 - \log_{10}2}{\log_{10}3} = \dfrac{1 - 0.3010}{0.4771} = \dfrac{0.6990}{0.4771} = 1.4651$

10.5 指数, 対数の大小関係 (図 10.1 参照)

(1) 指数関数の大小関係

$$\left.\begin{array}{l} a > 1 \text{のとき}, \quad a^x < a^y \Longleftrightarrow x < y \\ 0 < a < 1 \text{のとき}, \quad a^x < a^y \Longleftrightarrow x > y \end{array}\right\} \quad (10.11)$$

(2) 対数関数の大小関係

$$\left.\begin{array}{l} a > 1 \text{のとき}, \quad \log_a x < \log_a y \Longleftrightarrow 0 < x < y \\ 0 < a < 1 \text{のとき}, \quad \log_a x < \log_a y \Longleftrightarrow x > y > 0 \end{array}\right\} \quad (10.12)$$

(3) 累乗の大小関係

$$a > 0,\ b > 0,\ n \text{ が正の整数のとき},\ a < b \Longleftrightarrow a^n < b^n \qquad (10.13)$$

例 10.3 $\log_{2}(x-2) + \log_{2}(x-9) > 3$ の不等式を満足する x の範囲を求める.

$\log_{2}(x-2)(x-9) > \log_{2}2^3$

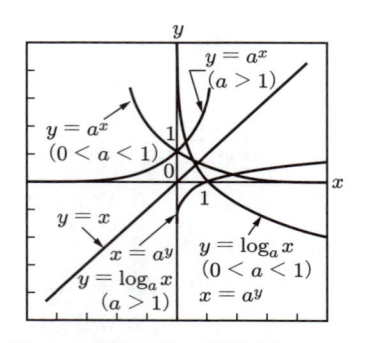

図 10.1 指数関数と対数関数のグラフ

対数の底が 1 より大きいので,

$(x-2)(x-9) > 8$

$x^2 - 11x + 10 > 0$

$(x-1)(x-10) > 0$

この式は, $x > 10$ または $x < 1$ を満たせばよいが, 与式より, $x > 9$ でなければならないので, $x > 10$ が解となる.

10.6　対数グラフ

一般に用いられる方眼紙と異なり, x 軸, y 軸がともに対数目盛で刻んであるものを両対数方眼紙 (図 10.2), どちらか一方だけを対数で目盛ったものを片対数方眼紙 (図 10.3) という. これらを用いると, 広範囲にわたる値を表す場合に便利であり, 特別な関数などは直線で描くこともできる.

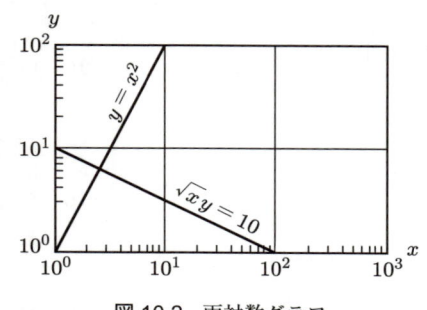

図 10.2 両対数グラフ

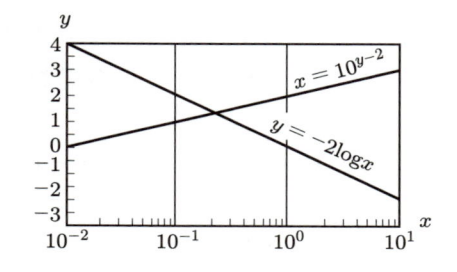

図 10.3 片対数グラフ (横軸が対数目盛の場合)

10.7 デシベル (dB)

電気電子工学では，増幅器などで，入力電力 P_i と出力電力 P_o の比である利得 G は，とても大きな数になることがあるため，常用対数を用いた次のような式で定義される dB(デシベル) という単位を使う．

$$G = 10 \log_{10} \frac{P_o}{P_i} \tag{10.14}$$

また，電力は電圧の 2 乗に比例するため，入力電圧 E_i と出力電圧 E_o を用いると，利得は次のような式となる．

$$G = 20 \log_{10} \frac{E_o}{E_i} \tag{10.15}$$

ところで，入力電力の基準値として $P_i = 1$ [mW] を用いたときの利得を $\mathrm{dB_m}$ という単位で表示する．また，入力電圧の基準値として $E_i = 1$ [μV] を用いたときの利得を $\mathrm{dB_\mu}$ という単位で表示する．

この dB という単位は，音にも使用されており，音の強さが電力，音圧が電圧に対応していることを考慮すれば，上記の取り扱いはまったく同じとなる．

例 10.4 図 10.4 のような理想増幅器を縦続接続した系の利得，$G = 10 \log_{10} \frac{P_4}{P_1}$ の値を求める．

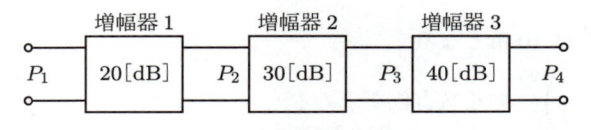

図 10.4 増幅器の縦続接続

それぞれの増幅器には，次のような関係が成り立つ．

$$10 \log_{10} \frac{P_2}{P_1} = 20 \quad [\mathrm{dB}]$$

$$10 \log_{10} \frac{P_3}{P_2} = 30 \quad [\mathrm{dB}]$$

$$10 \log_{10} \frac{P_4}{P_3} = 40 \quad [\mathrm{dB}]$$

したがって，系の利得 G は次式のようになる．

$$\begin{aligned} G &= 10 \log_{10} \frac{P_4}{P_1} = 10 \log_{10} \left(\frac{P_2}{P_1} \cdot \frac{P_3}{P_2} \cdot \frac{P_4}{P_3} \right) \\ &= 10 \log_{10} \frac{P_2}{P_1} + 10 \log_{10} \frac{P_3}{P_2} + 10 \log_{10} \frac{P_4}{P_3} \\ &= 20 + 30 + 40 = 90 \quad [\mathrm{dB}] \end{aligned}$$

10.8　桁数と小数首位

n を正の整数，$0 \leq \alpha < 1$ (α：仮数) とすると，

(1) x の整数部分が n 桁であるとすると，

$$10^{n-1} \leq x < 10^n \quad \rightleftarrows \quad \log_{10} x = n - 1 + \alpha \tag{10.16}$$

(2) x の小数首位 (初めて 0 でない数が表れる小数の位) を n とすると，

$$\frac{1}{10^n} \leq x < \frac{1}{10^{n-1}} \quad \rightleftarrows \quad \log_{10} x = -n + \alpha \tag{10.17}$$

電気電子工学では，非常に大きい数から非常に小さい数までを取り扱うので，$x = \beta \times 10^{\pm n}(0.1 \leq \beta < 1)$ で表すことがある．n は上記と同じで，β は $10^{\alpha-1}$ の関係があり，有効数字の検討を行う際に重要となる．

例 10.5　2^{30} は何桁の数となるかを検討する．

$x = 2^{30}$ とおくと，

$$\log_{10} x = 30 \log_{10} 2 = 30 \times 0.3010 = 9.030$$

したがって，

$$9 < \log_{10} x < 10, \quad 10^9 < x < 10^{10}$$

ゆえに，2^{30} は 10 桁となる．

例 10.6　$\left(\dfrac{1}{2}\right)^{20}$ の小数首位を求める．

$y = \left(\dfrac{1}{2}\right)^{20}$ とおくと，

$$\log_{10} y = 20 \log_{10} \frac{1}{2} = -20 \log_{10} 2 = -20 \times 0.3010 = -6.020$$

したがって，

$$-7 < \log_{10} y < -6, \quad 10^{-7} < y < 10^{-6}$$

ゆえに，小数首位は第 7 位となる．

●● 演習問題 [10] ●●

10.1　次の式を簡単にせよ．

(1) $16^{\frac{3}{4}} \times 8^{\frac{1}{2}}$

(2) $\sqrt[4]{162} - \sqrt[4]{\dfrac{1}{8}}$

(3) $a^{\frac{2}{3}} \div a^{\frac{1}{4}} \times a^{\frac{5}{6}}$

(4) $\sqrt{a^2 b^{-1} c^3} \div \sqrt[3]{a^4 b^2 c}$

(5) $\log_{10} 0.01$

(6) $\log_{10} \dfrac{63}{4} + \log_{10} 16 - \log_{10} 7$

(7) $\log_2 80 - \log_2 5$

(8) $\dfrac{\log_2 5 \cdot \log_3 36 \cdot \log_5 27}{\log_2 3 + \log_2 2}$

10.2 次の式を満たす x の値を求めよ．

(1) $\log_{10} 0.001 = x$

(2) $\log e^3 = x$

(3) $4^{2x+1} = 32$

(4) $4^{x+1} = 8 \times 2^{2-x}$

(5) $3x^{\frac{2}{3}} - 4x^{\frac{1}{3}} + 1 = 0$

(6) $2(\log_2 x)^2 - 3(\log_2 x) + 1 = 0$

(7) $\log_{10}(x+2) + \log_{10}(2x-5) = 1$

(8) $\dfrac{1}{2}\log_{10} 2 + \log_{10} x = \log_{10}(x-1)$

10.3 $\log_{10} 2 = a$, $\log_{10} 3 = b$ とするとき，次の値を a と b を用いて表せ．

(1) $\log_{10} 5$

(2) $\log_{10} 0.15$

(3) $\log_2 180$

(4) $\log_{\frac{1}{3}} 60$

(5) $\log_4 9$

10.4 次の不等式を解け．

(1) $4^{-3x} < 32^{x-4}$

(2) $8^x - 2 \times 2^{2x} - 2^x + 2 \leqq 0$

(3) $\log_{10}(2x-1) - \log_{10}(x+1) > 0$

(4) $\log_2(x-1) + \log_2(x+1) + 2 \geqq \log_2(2x-1)(x+2)$

10.5 次の式の逆関数を求めよ．

(1) $y = \log_{10}(2x+1)$

(2) $y = \log\sqrt{x} - 2\log x + \log x^{\frac{5}{2}}$

(3) $y = e^{\sqrt{x}}$ （逆関数の x の定義域も示せ）

10.6 $\log_{10} 2 = 0.3010$, $\log_{10} 3 = 0.4771$ とするとき，次の問いに答えよ．

(1) 2^{23} は何桁の整数か． 　(2) 0.12^{10} の小数首位はいくらか．

(3) $\left(\dfrac{5}{27}\right)^n < \dfrac{1}{10^6}$ となる最小の自然数 n を求めよ．

10.7 次の関数を方眼紙に描け．ただし，$x = -4 \sim 4$ の範囲とする．

(1) $y = 2^{-x}$

(2) $y = -2^x$

(3) $y = -\left(\dfrac{1}{2}\right)^x$

10.8 次の関数を両対数方眼紙に描け．ただし，$x = 0.01 \sim 10$, $y = 0.01 \sim 100$ の範囲とする．

(1) $y = x^2$

(2) $y = x^{-2}$

(3) $y = 10x^{\frac{1}{2}}$

(4) $y = 5x^{-\frac{1}{2}}$

(5) $y = 0.1x^{-\frac{3}{2}}$

(6) $x^2 y^{-3} = 1$

10.9 次の関数を片対数方眼紙に描け．ただし，$x = 0.01 \sim 100$, $y = -6 \sim 6$ の範囲とする．

(1) $y = \log_{10} x^{\frac{5}{2}}$

(2) $y = \log_{10} x^{-3}$

(3) $y = \log_{10} x^{\frac{7}{2}} - 2$

(4) $x = 10^{2y-3}$

(5) $x = 10^{-\frac{2}{3}y+3}$

10.10 $\log_{10} 2 \fallingdotseq 0.3$, $\log_{10} 3 \fallingdotseq 0.48$ として，次の電力比の値のデシベル値 [dB] を求めよ．

(1) 2

(2) 3

(3) 5

(4) 6

(5) 10

(6) 100

(7) 0.2

(8) $\dfrac{1}{\sqrt{2}}$

(9) 0.5

10.11 次の値のデシベル値 [dB$_m$] を求めよ.

(1)　10 [mW]　　　　　(2)　100 [mW]　　　　(3) 1 [W]

10.12 $\log_{10} 2 \fallingdotseq 0.3$ として，次の値のデシベル値 [dB$_\mu$] を求めよ.

(1)　1 [mV]　　　　　(2)　2 [mV]　　　　　(3)　1 [V]

10.13 1 [mV] の電圧を同じ利得をもった理想増幅器 2 段で 1 [V] に増幅させるとき，1 段あたりの利得はいくらか.

10.14 3 段で構成された理想増幅器の電力増幅率がそれぞれ，3 [dB], 17 [dB], 6 [dB] であるとき，入力端に $P_1 = 10$ [mW] を加えたときの出力電力 P_4 を求めよ. ただし, $\log_{10} 2 = 0.3$ とする.

第11章

双曲線関数

11.1 双曲線関数の定義

第3章で述べたように，三角関数は指数関数と複素数を用いると次のように表すことができた．

$$\sin x = \frac{e^{jx} - e^{-jx}}{2j}, \qquad \cos x = \frac{e^{jx} + e^{-jx}}{2} \tag{11.1}$$

この両式の右辺の虚数単位 j を取り除いたものが，本章で扱う双曲線関数の定義式となる．すなわち，次のような式を定義する．

① 双曲正弦 (hyperbolic sine)

$$\sinh x = \frac{e^x - e^{-x}}{2} \tag{11.2}$$

② 双曲余弦 (hyperbolic cosine)

$$\cosh x = \frac{e^x + e^{-x}}{2} \tag{11.3}$$

③ 双曲正接 (hyperbolic tangent)

$$\tanh x = \frac{\sinh x}{\cosh x} = \frac{e^x - e^{-x}}{e^x + e^{-x}} = \frac{e^{2x} - 1}{e^{2x} + 1} \tag{11.4}$$

また，これらの逆数も三角関数と同様に定義される．

$$\operatorname{cosech} x = \frac{1}{\sinh x} \tag{11.5}$$

$$\operatorname{sech} x = \frac{1}{\cosh x} \tag{11.6}$$

$$\coth x = \frac{1}{\tanh x} = \frac{\cosh x}{\sinh x} \tag{11.7}$$

これらの双曲線関数をグラフ化すると，図 11.1 のようになる．ここで，

$$-\infty < \sinh x < \infty \qquad \cosh x \geq 1 \qquad -1 \leq \tanh x \leq 1$$

である．

例 11.1
$$\sinh 0 = \frac{e^0 - e^{-0}}{2} = 0 \qquad \cosh 0 = \frac{e^0 + e^{-0}}{2} = 1$$
$$\tanh 0 = \frac{\sinh 0}{\cosh 0} = \frac{0}{1} = 0$$

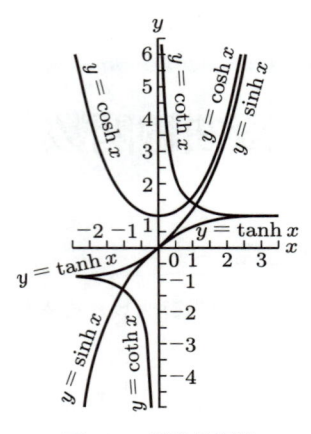

図 11.1　双曲線関数

11.2　基本公式

双曲線関数には以下に示すような基本公式があり，三角関数と密接な関係があるが，符号が異なることがあるので注意する必要がある．

(1) 同一角の公式

$$\left.\begin{aligned}&\cosh x \pm \sinh x = e^{\pm x} \quad \text{[複号同順]}\\&\cosh^2 x - \sinh^2 x = 1\\&1 - \tanh^2 x = \frac{1}{\cosh^2 x} = \text{sech}^2 x\\&\coth^2 x - 1 = \frac{1}{\sinh^2 x} = \text{cosech}^2 x\end{aligned}\right\} \quad (11.8)$$

(2) 負角の公式 (三角関数と同じ)

$$\left.\begin{aligned}&\sinh(-x) = -\sinh x\\&\cosh(-x) = \cosh x\\&\tanh(-x) = -\tanh x\end{aligned}\right\} \quad (11.9)$$

(3) 加法定理

$$\left.\begin{aligned}&\sinh(x \pm y) = \sinh x \cosh y \pm \cosh x \sinh y \quad \text{[複号同順]}\\&\cosh(x \pm y) = \cosh x \cosh y \pm \sinh x \sinh y \quad \text{[複号同順]}\\&\tanh(x \pm y) = \frac{\tanh x \pm \tanh y}{1 \pm \tanh x \tanh y} \quad \text{[複号同順]}\end{aligned}\right\} \quad (11.10)$$

これらの公式から倍角の公式，半角の公式などを導くことができる．

例 11.2　$\sinh 2x = \sinh(x+x) = \sinh x \cosh x + \cosh x \sinh x$
$= 2\sinh x \cosh x$

例 11.3　$\cosh 2x = \cosh(x+x) = \cosh x \cosh x + \sinh x \sinh x$
$= \cosh^2 x + \sinh^2 x = 2\cosh^2 x - 1 = 1 + 2\sinh^2 x$

例題 11.1　次の式を証明せよ．
(1) $\cosh^2 x - \sinh^2 x = 1$ 　　(2) $1 - \tanh^2 x = \operatorname{sech}^2 x$
(3) $\sinh(-x) = -\sinh x$
(4) $\cosh(x \pm y) = \cosh x \cosh y \pm \sinh x \sinh y$　[複号同順]

解　(1) $\cosh^2 x - \sinh^2 x = (\cosh x + \sinh x)(\cosh x - \sinh x)$
$= \left(\dfrac{e^x + e^{-x} + e^x - e^{-x}}{2}\right)\left(\dfrac{e^x + e^{-x} - e^x + e^{-x}}{2}\right)$
$= e^x \cdot e^{-x} = 1$

(2) $1 - \tanh^2 x = 1 - \dfrac{\sinh^2 x}{\cosh^2 x} = \dfrac{\cosh^2 x - \sinh^2 x}{\cosh^2 x} = \dfrac{1}{\cosh^2 x} = \operatorname{sech}^2 x$

(3) $\sinh(-x) = \dfrac{e^{(-x)} - e^{-(-x)}}{2} = -\dfrac{e^x - e^{-x}}{2} = -\sinh x$

(4) $\cosh x \cosh y + \sinh x \sinh y$
$= \dfrac{e^x + e^{-x}}{2} \cdot \dfrac{e^y + e^{-y}}{2} + \dfrac{e^x - e^{-x}}{2} \cdot \dfrac{e^y - e^{-y}}{2}$
$= \dfrac{e^{x+y} + e^{x-y} + e^{-x+y} + e^{-x-y} + e^{x+y} - e^{x-y} - e^{-x+y} + e^{-x-y}}{4}$
$= \dfrac{e^{x+y} + e^{-(x+y)}}{2} = \cosh(x+y)$

$\cosh x \cosh y - \sinh x \sinh y$
$= \dfrac{e^x + e^{-x}}{2} \cdot \dfrac{e^y + e^{-y}}{2} - \dfrac{e^x - e^{-x}}{2} \cdot \dfrac{e^y - e^{-y}}{2}$
$= \dfrac{e^{x+y} + e^{x-y} + e^{-x+y} + e^{-x-y} - e^{x+y} + e^{x-y} + e^{-x+y} - e^{-x-y}}{4}$
$= \dfrac{e^{x-y} + e^{-(x-y)}}{2} = \cosh(x-y)$

11.3　逆双曲線関数

式 (11.2)〜(11.4) から逆関数を求めると，次のような逆双曲線関数を定義することができる (図 11.2 参照)．

$$\sinh^{-1} x = \log(x + \sqrt{x^2+1}) = \cosh^{-1}\sqrt{x^2+1} \tag{11.11}$$

$$\cosh^{-1} x = \log(x \pm \sqrt{x^2 - 1}) \quad (x \geqq 1) \tag{11.12}$$

$$\tanh^{-1} x = \frac{1}{2} \log \frac{1+x}{1-x} \quad (|x| < 1) \tag{11.13}$$

ここで，$\sinh^{-1} x$ と $\tanh^{-1} x$ は 1 価関数であるが，$\cosh^{-1} x$ は 2 価関数である．また，x の定義域に注意する必要がある．

なお，対数の底は e であり，自然対数を表している．

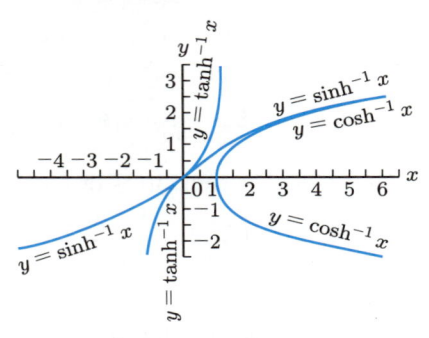

図 11.2 逆双曲線関数

例題 11.2 $\cosh^{-1} x = \log(x \pm \sqrt{x^2 - 1}) \quad (x \geqq 1)$ を証明せよ．

解 $y = \cosh^{-1} x$ とおくと

$$x = \cosh y = \frac{e^y + e^{-y}}{2} \qquad e^y + e^{-y} = 2x$$

$$e^{2y} - 2xe^y + 1 = 0 \qquad e^y = x \pm \sqrt{x^2 - 1}$$

したがって，$y = \log\left(x \pm \sqrt{x^2 - 1}\right)$ となる．

例 11.4 $\quad \sinh^{-1} 0 = \log 1 = 0 \qquad \cosh^{-1} 1 = \log 1 = 0$

$\tanh^{-1} 0 = \frac{1}{2} \log 1 = 0$

11.4　複素双曲線関数

双曲線関数の定義式より，次のような関係式が得られる．

$$\left.\begin{array}{l} \sinh(jx) = j \sin x \\ \cosh(jx) = \cos x \\ \tanh(jx) = j \tan x \end{array}\right\} \tag{11.14}$$

これらの関係式より，次のような式を得ることができる．

$$\left.\begin{array}{l}\sin x = -j\sinh(jx)\\ \cos x = \cosh(jx)\\ \tan x = -j\tanh(jx)\end{array}\right\} \tag{11.15}$$

$$\left.\begin{array}{l}\sinh x = -j\sin(jx)\\ \cosh x = \cos(jx)\\ \tanh x = -j\tan(jx)\end{array}\right\} \tag{11.16}$$

$$\left.\begin{array}{l}\sin(jx) = j\sinh x\\ \cos(jx) = \cosh x\\ \tan(jx) = j\tanh x\end{array}\right\} \tag{11.17}$$

複素数 $z = x \pm jy$ とおくと，上記の関係と加法定理を用いると，次の関係式を得る．

$$\left.\begin{array}{l}\sinh z = \sinh(x \pm jy) = \sinh x \cos y \pm j \cosh x \sin y\\ \cosh z = \cosh(x \pm jy) = \cosh x \cos y \pm j \sinh x \sin y\end{array}\right\} \text{[複号同順]} \quad (11.18)$$

$$\left.\begin{array}{l}\sin z = \sin(x \pm jy) = \sin x \cosh y \pm j \cos x \sinh y\\ \cos z = \cos(x \pm jy) = \cos x \cosh y \mp j \sin x \sinh y\end{array}\right\} \text{[複号同順]} \quad (11.19)$$

●● 演習問題 [11] ●●

11.1 次の式が成り立つことを証明せよ．
(1) $\cosh x \pm \sinh x = e^{\pm x}$ [複号同順]
(2) $\sinh(x \pm y) = \sinh x \cosh y \pm \cosh x \sinh y$ [複号同順]
(3) $\sinh^2 \dfrac{x}{2} = \dfrac{\cosh x - 1}{2}$
(4) $\cosh^2 \dfrac{x}{2} = \dfrac{\cosh x + 1}{2}$

11.2 $x = \log(t + \sqrt{t^2 + 1})$ のとき，$y = \cosh x$ を t を用いて表せ．

11.3 $x = \log(t + \sqrt{t^2 + 1})$ のとき，t を x を用いて表せ．

11.4 次の値を自然対数の底 e を用いて表せ．
(1) $\sin j$
(2) $\cos j$
(3) $\sin\left(\dfrac{\pi}{3} + j\right)$
(4) $\cos\left(\dfrac{\pi}{3} + j\right)$
(5) $\sin\left(\dfrac{\pi}{6} + jx\right)$
(6) $\cos\left(\dfrac{\pi}{6} + jx\right)$

11.5 $\sinh^{-1} x = \log(x + \sqrt{x^2 + 1})$ を証明せよ．

11.6 e^x は 18.2 節 [例 18.1] のように展開できる．この式を用いて $|x| \ll 1$ のとき $\cosh x$ の近似式は 2 次式で表せることを示せ．

11.7 長さ ℓ の長距離送電線の受電端における電圧を E_r, 電流を I_r とし, 線路の特性インピーダンスを Z_0, 伝搬定数を γ とすると, 送電端の電圧 E_s と電流 I_s は次の式で表される. この式を双曲線関数で表せ.

$$E_s = \frac{1}{2}(E_r - Z_0 I_r)e^{-\gamma\ell} + \frac{1}{2}(E_r + Z_0 I_r)e^{\gamma\ell}$$
$$I_s = \frac{1}{Z_0}\left\{-\frac{1}{2}(E_r - Z_0 I_r)e^{-\gamma\ell} + \frac{1}{2}(E_r + Z_0 I_r)e^{\gamma\ell}\right\}$$

第12章

平面図形と式

12.1 点・距離

2点 $A(x_1, y_1)$, $B(x_2, y_2)$ が与えられていると，次のような関係式が得られる．

(1) **2点間距離**
$$AB = \sqrt{(x_2 - x_1)^2 + (y_2 - y_1)^2} \tag{12.1}$$

(2) 線分 AB を $m:n$ の比に分ける点の座標
$$\left(\frac{nx_1 + mx_2}{m+n}, \frac{ny_1 + my_2}{m+n} \right) \tag{12.2}$$

$mn > 0$ で内分，$mn < 0$ で外分となる．

(3) 点 (x_1, y_1) と直線 $ax + by + c = 0$ の距離
$$\frac{|ax_1 + by_1 + c|}{\sqrt{a^2 + b^2}} \tag{12.3}$$

例 12.1 $A(2, 4)$, $B(6, 8)$ であるとき，次の諸量を求める．

(1) 2点間距離
$$AB = \sqrt{(6-2)^2 + (8-4)^2} = \sqrt{32} = 4\sqrt{2}$$

(2) AB の中点 C
$$C\left(\frac{2+6}{2}, \frac{4+8}{2} \right) = (4, 6)$$

(3) AB を $1:3$ に内分する点 D
$$D\left(\frac{3 \times 2 + 1 \times 6}{1+3}, \frac{3 \times 4 + 1 \times 8}{1+3} \right) = (3, 5)$$

(4) AB を $1:3$ に A 側へ外分する点 E
$$E\left(\frac{-3 \times 2 + 1 \times 6}{1-3}, \frac{-3 \times 4 + 1 \times 8}{1-3} \right) = (0, 2)$$

(5) 点 A と直線 $3x + 4y - 2 = 0$ の距離
$$\frac{|3 \times 2 + 4 \times 4 - 2|}{\sqrt{3^2 + 4^2}} = \frac{20}{5} = 4$$

例題 12.1 $A(x_1, y_1)$, $B(x_2, y_2)$, $C(x_3, y_3)$ を頂点とする $\triangle ABC$ の重心の座標を求めよ.

解 AB の中点 M の座標は，次のようになる．
$$M\left(\frac{x_1 + x_2}{2}, \frac{y_1 + y_2}{2}\right)$$

重心 $G(x, y)$ は，CM を $2:1$ に内分する点なので，
$$x = \frac{1 \times x_3 + 2 \times \frac{x_1 + x_2}{2}}{2 + 1} = \frac{x_1 + x_2 + x_3}{3}$$
$$y = \frac{1 \times y_3 + 2 \times \frac{y_1 + y_2}{2}}{2 + 1} = \frac{y_1 + y_2 + y_3}{3}$$

12.2　直線の方程式

(1) 点 (x_1, y_1) を通り，傾き m の直線
$$y - y_1 = m(x - x_1) \tag{12.4}$$

(2) 点 (x_1, y_1) を通り，x 軸に垂直 (y 軸に平行) の直線
$$x = x_1 \tag{12.5}$$

(3) 2 点 (x_1, y_1), (x_2, y_2) を通る直線
$$y - y_1 = \frac{y_2 - y_1}{x_2 - x_1}(x - x_1) \tag{12.6}$$

なお，2 直線 $y = m_1 x + b_1$, $y = m_2 x + b_2$ の位置関係は次のとおりである．

交差：$m_1 \neq m_2$

垂直：$m_1 m_2 = -1$

平行：$m_1 = m_2$, $b_1 \neq b_2$

一致：$m_1 = m_2$, $b_1 = b_2$

例 12.2 (1) 原点を通って，直線 $y = 2x + 3$ に平行な直線：$y = 2x$

(2) 点 $(2, 1)$ を通って，直線 $2x + 3y = 2$ に垂直な直線：
$2x + 3y = 2$ より，$y = -\frac{2}{3}x + \frac{2}{3}$ で傾き $-\frac{2}{3}$．この直線と垂直となるための傾きは，$\frac{3}{2}$ である．したがって，
$$y - 1 = \frac{3}{2}(x - 2)$$
$$\therefore \quad y = \frac{3}{2}x - 2$$

12.3　合同変換

(1)　平行移動

$y = f(x)$ のグラフを，x 軸の正の向きに p，y 軸の正の向きに q だけ平行移動したものは，次の式で表される．

$$y = f(x - p) + q \tag{12.7}$$

(2)　回転

XOY 座標の点 $P(x, y)$ は座標軸を角 θ だけ回転した X'OY' 座標では，次の行列変換を行って，座標 (x', y') となる．

$$\begin{pmatrix} x' \\ y' \end{pmatrix} = \begin{pmatrix} \cos\theta & \sin\theta \\ -\sin\theta & \cos\theta \end{pmatrix} \begin{pmatrix} x \\ y \end{pmatrix} \tag{12.8}$$

なお，同一座標内で点 $P(x, y)$ を角 θ だけ回転したときの座標 (x'', y'') は，座標軸を角 $-\theta$ だけ回転したことになり，次のようになる．

$$\begin{pmatrix} x'' \\ y'' \end{pmatrix} = \begin{pmatrix} \cos\theta & -\sin\theta \\ \sin\theta & \cos\theta \end{pmatrix} \begin{pmatrix} x \\ y \end{pmatrix} \tag{12.9}$$

(3)　反転 (鏡映)

1 直線に関して対称の関係である．逆関数の場合は $y = x$ に対して対称である．

例 12.3　点 $A(0, 0)$ を x 方向に -2，y 方向に $\sqrt{3}$ 平行移動し，それを原点を中心に $60°$ 回転し，$y = x$ に対して対称な点の座標を求める．

平行移動：$A'(-2, \sqrt{3})$

回転：$\begin{pmatrix} x'' \\ y'' \end{pmatrix} = \begin{pmatrix} \cos 60° & -\sin 60° \\ \sin 60° & \cos 60° \end{pmatrix} \begin{pmatrix} -2 \\ \sqrt{3} \end{pmatrix}$

$= \begin{pmatrix} \frac{1}{2} & -\frac{\sqrt{3}}{2} \\ \frac{\sqrt{3}}{2} & \frac{1}{2} \end{pmatrix} \begin{pmatrix} -2 \\ \sqrt{3} \end{pmatrix} = \begin{pmatrix} -1 - \frac{3}{2} \\ -\sqrt{3} + \frac{\sqrt{3}}{2} \end{pmatrix} = \begin{pmatrix} -\frac{5}{2} \\ -\frac{\sqrt{3}}{2} \end{pmatrix}$

$\therefore \ A'' \left(-\frac{5}{2}, -\frac{\sqrt{3}}{2} \right)$

対称点：$A''' \left(-\frac{\sqrt{3}}{2}, -\frac{5}{2} \right)$

12.4　2次曲線

次の方程式は平面において2次曲線を表す．
$$F(x,\ y) = ax^2 + 2hxy + by^2 + 2gx + 2fy + c = 0 \tag{12.10}$$
いま，この方程式の係数で構成される行列式を，
$$\Delta = \begin{vmatrix} a & h & g \\ h & b & f \\ g & f & c \end{vmatrix}$$
とおくと，係数と Δ の値により，2次曲線は次のように分類できる．

(1) 放物線：$ab - h^2 = 0,\ \Delta \neq 0$
(2) 円　　：$a = b \neq 0,\ h = 0,\ g^2 + f^2 - ac > 0$
(3) 楕円　：$ab - h^2 > 0,\ \Delta \neq 0,\ a$ (または b) と Δ が異符号
(4) 双曲線：$ab - h^2 < 0,\ \Delta \neq 0$
(5) 2直線：$ab - h^2 < 0,\ \Delta = 0$

ここで，各2次曲線について検討する．

(1) 放物線

$$y = ax^2 + bx + c\ \text{で},\ D = b^2 - 4ac$$
とおくと，次の性質がある．

① $a > 0$ のとき，下に凸 (上に凹) (図 12.1 参照)
$a < 0$ のとき，上に凸 (下に凹) (図 12.2 参照)

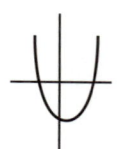

図 12.1　下に凸の放物線　　　図 12.2　上に凸の放物線

② $D > 0$ のとき，x 軸と2点で交わる．
$D = 0$ のとき，x 軸と1点で交わる．
$D < 0$ のとき，x 軸と交わらない．

③ $y = ax^2 + bx + c = a\left(x + \dfrac{b}{2a}\right)^2 - \dfrac{D}{4a}$ は，すべての実数 x の範囲で，最大・最小は次のようになる．

$a > 0$ のとき $x = -\dfrac{b}{2a}$ で最小値 $-\dfrac{D}{4a}$ をとり，最大値はない．

$a < 0$ のとき $x = -\dfrac{b}{2a}$ で最大値 $-\dfrac{D}{4a}$ をとり，最小値はない．

(2) 円と直線

① 中心 (a, b)，半径 r の円の式
$$(x-a)^2 + (y-b)^2 = r^2 \tag{12.11}$$

② $x^2 + y^2 = r^2$ 上の点 (x_1, y_1) における接線
$$x_1 x + y_1 y = r^2 \tag{12.12}$$

③ $(x-a)^2 + (y-b)^2 = r^2$ と $\ell x + my + n = 0$ について，y (または x) を消去して得られた 2 次方程式の判別式 D と円の中心から直線へおろした垂線の距離 d に関しては，次のような関係が成り立っている．

$$D > 0 \rightleftarrows d < r \rightleftarrows 2 点で交わる$$
$$D = 0 \rightleftarrows d = r \rightleftarrows 1 点で交わる$$
$$D < 0 \rightleftarrows d > r \rightleftarrows 共有点がない$$

(3) 楕円

① x 軸と $\pm a$ で交わり，y 軸と $\pm b$ で交わる楕円の式．
$$\dfrac{x^2}{a^2} + \dfrac{y^2}{b^2} = 1 \tag{12.13}$$

② 楕円の焦点
 (ⅰ) $a > b > 0$ のとき，$c = \sqrt{a^2 - b^2}$ とおくと，楕円の焦点は $(c, 0)$ と $(-c, 0)$ である．
 (ⅱ) $b > a > 0$ のとき，$c = \sqrt{b^2 - a^2}$ とおくと，楕円の焦点は $(0, c)$ と $(0, -c)$ である．

(4) 双曲線

① x 軸と $\pm a$ で交わり，y 軸とは交わらない双曲線の式．
$$\dfrac{x^2}{a^2} - \dfrac{y^2}{b^2} = 1 \tag{12.14}$$

② 双曲線の焦点
$a > 0, b > 0$ のとき，$c = \sqrt{a^2 + b^2}$ とおくと，双曲線の焦点は $(c, 0)$ と $(-c, 0)$ である．

③ 双曲線の漸近線
$y = \pm \dfrac{b}{a} x$ の 2 直線が漸近線となる．

例題 12.2 次の方程式は，どのような図形となるか．
(1) $x^2 + y^2 - 2x + 4y = 9$
(2) $4x^2 + 9y^2 = 36$

解 (1) $x^2 + y^2 - 2x + 4y = 9$ より，
$(x-1)^2 + (y+2)^2 = 14$
したがって，中心 $(1, -2)$ で半径 $\sqrt{14}$ の円となる．
(2) $4x^2 + 9y^2 = 36$ より，
$\dfrac{x^2}{3^2} + \dfrac{y^2}{2^2} = 1$
したがって，x 軸と ± 3，y 軸と ± 2 で交わり，焦点が $(\pm\sqrt{5}, 0)$ である楕円を表している．

12.5 フェーザ (ベクトル) 軌跡

電気電子工学では一般に負荷のインピーダンスや電圧，電流などを複素数で表現する．たとえば，図 12.3 の回路のインピーダンスは，

$$Z = R + j\omega L$$

と表されるので，ω を変化させて Z を複素平面に描くと図 12.4 のような半直線となる．また，Z の逆数 Y はアドミタンスとよばれ，Y を複素平面に描くと図 12.5 のような半円となる．このように ω が 0 から ∞ に変化したときの軌跡を，ベクトル軌跡 (正弦波交流を扱うときはフェーザ軌跡) という．

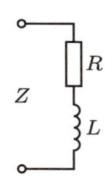

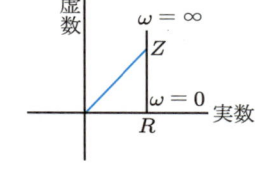

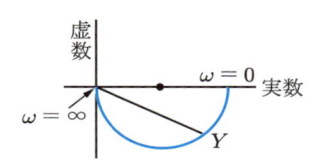

図 12.3　$R-L$ 直列回路　　図 12.4　インピーダンス軌跡　　図 12.5　アドミタンス軌跡

例題 12.3 図 12.4 の半直線 Z の逆数 Y が半円となることを証明せよ．

解 $Y = \dfrac{1}{Z} = \dfrac{1}{R + j\omega L} = \dfrac{R}{R^2 + (\omega L)^2} - j\dfrac{\omega L}{R^2 + (\omega L)^2}$

ここで，

$$x = \frac{R}{R^2 + (\omega L)^2}, \quad y = -\frac{\omega L}{R^2 + (\omega L)^2}$$

とおくと，$R, L, \omega \geqq 0$ より，$x \geqq 0, y \leqq 0$ となる．この x と y の式より ω を消去して関係式を求める．

$$\frac{x}{y} = -\frac{R}{\omega L} \text{ より,}$$

$$\omega L = -\frac{y}{x} R$$

これを x の式に代入して整理する．

$$x^2 + y^2 = \frac{x}{R} \qquad \therefore \left(x - \frac{1}{2R}\right)^2 + y^2 = \left(\frac{1}{2R}\right)^2$$

したがって，中心 $\left(\frac{1}{2R}, 0\right)$，半径 $\frac{1}{2R}$ で $y \leqq 0$ の半円となる (図 12.5 参照)．

12.6 条件つきの最大・最小

(1) $F(x, y) = 0$ のとき，$G(x, y)$ の最大・最小は，
  ① 条件式 $F(x, y) = 0$ が x または y について解けるとき，それを消去して $G(x, y)$ を 1 変数の関数に直して最大・最小を求める．
  ② 条件式が解けない場合，$F(x, y) = 0, G(x, y) = k$ の連立方程式より，x または y を消去して，残った変数 y または x が変化しうる範囲における k の最大最小を求める．または，グラフにより求めるのも有効である．
(2) 2 つの正の整数 x, y の和または積が一定のとき，
  ① $x + y = $ 一定のとき，xy の値は $x = y$ のとき最大．
  ② $xy = $ 一定のとき，$x + y$ の値は $x = y$ のとき最小．

例 12.4 図 12.6 で，R_L で消費される電力が最大となる条件を求める．

$$P = I^2 R_L = \frac{R_L V_0^2}{(R_0 + R_L)^2} = \frac{R_L V_0^2}{R_0^2 + 2 R_0 R_L + R_L^2}$$

$$= \frac{V_0^2}{\dfrac{R_0^2}{R_L} + 2 R_0 + R_L}$$

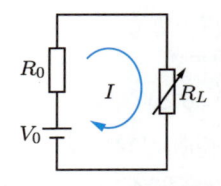

図 12.6 最大電力を求める回路

分母の $2R_0$ は一定で，他の 2 項については，$\dfrac{R_0{}^2}{R_L} \cdot R_L = R_0{}^2$ (一定) なので，

$$\dfrac{R_0{}^2}{R_L} = R_L$$

すなわち，$R_L = R_0$ のとき，分母は最小となる．したがって，$R_L = R_0$ のとき，P は最大となる．

演習問題 [12]

12.1 2 つの点の座標が A$(1, 3)$，B$(4, -1)$ であるとき，次の値を求めよ．
(1) AB 間の距離
(2) AB の中点 M の座標
(3) AB を通る直線の方程式
(4) A を通り，直線 AB に直交する直線の方程式
(5) 原点から直線 AB までの距離
(6) 直線 AB と，原点を通って直線 AB に直交する直線との交点の座標
(7) A, B が x 軸に対して対称な点を A$'$, B$'$ とするとき，A$'$, B$'$ を通る直線

12.2 三角形 ABC の対辺を a, b, c とする．BC の中点 M と A との長さ m_a を a, b, c を用いて表せ．

12.3 点 P(x_1, y_1) を $30°$ 回転したときの座標を求めよ．

12.4 放物線 $y = 2x^2 + 1$ について，次の問いに答えよ．
(1) 原点から引いた接線の方程式
(2) (1) の接線との接点における法線の方程式
(3) $y = x$ に対して対称な式
(4) $y = -1$ に対して対称な式

12.5 次の方程式の概略図を描け．
(1) $x^2 + 4y^2 - 2x - 3 = 0$
(2) $x^2 + y^2 - 2x - 4y = 0$
(3) $2x^2 + xy - y^2 - x + 2y - 1 = 0$
(4) $x^2 + 4x + y + 5 = 0$
(5) $x^2 - 4y^2 + 16y - 12 = 0$
(6) $9x^2 + 4y^2 - 36x - 8y + 4 = 0$
(7) $4x^2 + 8x - 3y^2 + 12y - 12 = 0$
(8) $4x^2 - 9y^2 + 8x + 18y - 9 = 0$

12.6 円 $x^2 + y^2 - 8x - 4y + 16 = 0$ と直線 $y = 2x + b$ が接するための b の値を求めよ．

12.7 次の不等式について，以下の問いに答えよ．

$$(\log_2 x)^2 - \log_2 x + (\log_2 y)^2 - \log_2 y \leqq 0$$

(1) $\log_2 x = X$, $\log_2 y = Y$ とおいて，点 (X, Y) の動く範囲を図示せよ．
(2) $z = xy$ の最大値と最小値を求めよ．

12.8 問図 12.1 の直列回路に周波数 f [Hz] の正弦波交流電源を加えるとき，次の問いに答えよ．なお，$R = 2$ [kΩ]，$L = 0.1$ [mH]，$C = 100$ [pF] とする．

(1) 周波数 $f_0 = \dfrac{1}{2\pi\sqrt{LC}}$ で共振する．このときの ω_0 を求めよ．

(2) リアクタンス $X = \omega L - \dfrac{1}{\omega C}$ は $X = 10^3 \left(\dfrac{\omega}{\omega_0} - \dfrac{\omega_0}{\omega} \right)$ と表されることを証明せよ（$\omega_0 L$ に数値を代入する）．

(3) インピーダンス $Z = \sqrt{R^2 + X^2}$ は $Z = 10^3 \left(\dfrac{\omega}{\omega_0} + \dfrac{\omega_0}{\omega} \right)$ と表されることを証明せよ $\left(\dfrac{\omega_0 L}{R}$ に数値を代入する $\right)$．

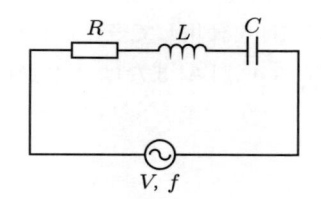

問図 12.1

12.9 $x = 4\sin(\omega t + \theta)$, $y = 4\cos\omega t$ において，t を 0 から 1 周期分変化させたとき，点 (x, y) の軌跡はどのようになるか．次の場合について求めよ．
(1) $\theta = 0$ のとき．　　(2) $\theta = \dfrac{\pi}{2}$ のとき．

第13章 ベクトル算法

13.1 スカラーとベクトル

スカラー：大きさだけで定まる量 (質量，距離，エネルギー，温度など)
ベクトル：大きさと方向とによって定まる量 (力，速度，電界，磁束密度など)

13.2 ベクトルの表示

ベクトルは図 13.1 のように矢印を使用して表し，記号では，$\overrightarrow{OP}$ または $\boldsymbol{A}$ と表現する．ベクトル $\boldsymbol{A}$ の大きさは，$\overline{OP}$，$|\boldsymbol{A}|$ または A と表し，絶対値ともいう．大きさ 1 のベクトルを単位ベクトルという．単位ベクトルを $\boldsymbol{u}$ とすると，ベクトル $\boldsymbol{A}$ は，次のように表すことができる．

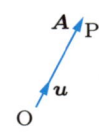

$$\boldsymbol{A} = A\boldsymbol{u} = |\boldsymbol{A}|\boldsymbol{u} \tag{13.1}$$

図 13.1 ベクトルの表示

13.3 直交座標系によるベクトルの表示

図 13.2 は右手系 (親指を x 軸，人差し指を y 軸，中指を z 軸の方向にとる) の直交座標系である．

ベクトル $\overrightarrow{OP} = \boldsymbol{A}$ の x, y, z 軸上への正射影，

$$\overline{OP_1} = A_x, \quad \overline{OP_2} = A_y, \quad \overline{OP_3} = A_z$$

をそれぞれ $\boldsymbol{A}$ の x, y, z 成分という．これらの成分を用いると，$\boldsymbol{A}$ は次のように表される．

$$\boldsymbol{A} = \boldsymbol{i}A_x + \boldsymbol{j}A_y + \boldsymbol{k}A_z \tag{13.2}$$
$$= (A_x, \ A_y, \ A_z) \tag{13.3}$$

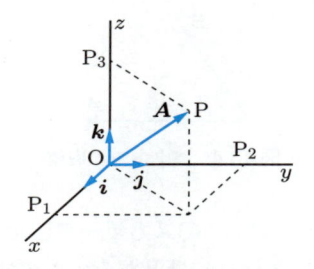

図 13.2　直交座標系のベクトル表示

ここで，i, j, k は，x, y, z の各方向の単位ベクトルを表し，基本ベクトルともよばれている．また，図 13.2 からも明らかなように，A の大きさは，次式から求めることができる．

$$|A| = A = \sqrt{A_x{}^2 + A_y{}^2 + A_z{}^2} \tag{13.4}$$

13.4　ベクトルの和と差

2つのベクトル A, B があるとき，その和および差のベクトル，C および D を，

$$C = A + B \tag{13.5}$$
$$D = A - B \tag{13.6}$$

と表す．C, D は図 13.3 のように平行四辺形あるいは三角形を描くことによって求めることができる．また，直交座標で表示すると，次式のような関係を得る．

$$C = A + B = i(A_x + B_x) + j(A_y + B_y) + k(A_z + B_z) \tag{13.7}$$
$$D = A - B = i(A_x - B_x) + j(A_y - B_y) + k(A_z - B_z) \tag{13.8}$$

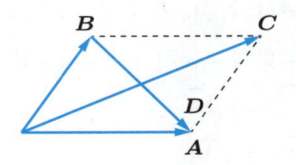

図 13.3　ベクトルの和と差

13.5　スカラー積 (内積)

図 13.4 のように，2つのベクトル A, B が角 α をなしているとき，

$$A \cdot B = AB = AB\cos\alpha = C \tag{13.9}$$

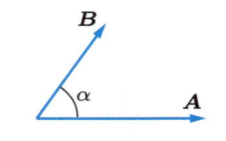

図 13.4　ベクトルの内積

で定義された積 C を，ベクトル A, B のスカラー積または内積という．したがって，2つのベクトルのスカラー積はスカラー量となる．この定義より，次のような関係が得られる．

$$A = B \text{ のとき，} \quad A \cdot A = A^2 = A^2 \tag{13.10}$$

$$\alpha = \pi/2 \text{ のとき，} \quad A \cdot B = 0 \tag{13.11}$$

$$\text{交換法則} \quad A \cdot B = B \cdot A \tag{13.12}$$

$$\text{分配法則} \quad (A + B)C = AC + BC \tag{13.13}$$

また，直角座標における各座標の単位ベクトルには，

$$ii = jj = kk = 1 \quad (\alpha = 0°) \tag{13.14}$$

$$ij = jk = ki = ji = kj = ik = 0 \quad (\alpha = 90°) \tag{13.15}$$

という関係が成り立つ．したがって，2つのベクトル A, B のスカラー積 C を A, B の直角座標成分を用いて表すと，

$$C = AB = A_x B_x + A_y B_y + A_z B_z \tag{13.16}$$

となる．また，2つのベクトルのなす角 α は，次式となる．

$$\cos \alpha = \frac{AB}{AB} = \frac{A_x B_x + A_y B_y + A_z B_z}{AB} \tag{13.17}$$

例 13.1　2つのベクトル $A(1, 2, 3)$，$B(3, 2, 1)$ の内積 C となす角 α を求める．

$$C = AB = 1 \cdot 3 + 2 \cdot 2 + 3 \cdot 1 = 3 + 4 + 3 = 10$$

$$A = \sqrt{1^2 + 2^2 + 3^2} = \sqrt{14}$$

$$B = \sqrt{3^2 + 2^2 + 1^2} = \sqrt{14}$$

$$\cos \alpha = \frac{C}{AB} = \frac{10}{14} = \frac{5}{7}$$

$$\therefore \ \alpha = \cos^{-1} \frac{5}{7} = 44.4°$$

例題 13.1　スカラー積における分配法則，式 (13.13) を証明せよ．

解 $(A+B)C = \{i(A_x+B_x) + j(A_y+B_y) + k(A_z+B_z)\} \cdot (iC_x + jC_y + kC_z)$
$= (A_x+B_x)C_x + (A_y+B_y)C_y + (A_z+B_z)C_z$
$AC + BC = A_xC_x + A_yC_y + A_zC_z + B_xC_x + B_yC_y + B_zC_z$
$= (A_x+B_x)C_x + (A_y+B_y)C_y + (A_z+B_z)C_z$

したがって，$(A+B)C = AC + BC$ が成り立つ．

13.6　ベクトル積 (外積)

図 13.5 において，ベクトル A と B がつくる平行四辺形の面積，

$$C = AB\sin\alpha \tag{13.18}$$

を大きさとし，A と B のつくる平面に垂直で，A から B へ回転させるとき，右ネジの進む方向をベクトルの方向とするベクトル量 C を A, B のベクトル積または外積といい，次のように定義する．

$$C = A \times B = [AB] \tag{13.19}$$

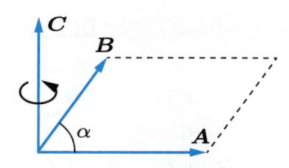

図 13.5　ベクトルの外積

◆**注**◆　ベクトル計算では，$A \cdot B$ (内積) と $A \times B$ (外積) では同じ積でもまったく内容が異なるのでとくに注意すること．また，外積ではかける順序も問題となる (式 (13.22) 参照)．

ベクトル積の定義より，次のような関係が得られる．

$A = B$ のとき，$\quad A \times A = 0$ \hfill (13.20)

$\alpha = \pi/2$ のとき，$\quad |A \times B| = AB$ \hfill (13.21)

反可換法則　$B \times A = -A \times B$ \hfill (13.22)

分配法則　$A \times (B+C) = A \times B + A \times C$ \hfill (13.23)

また，直交座標における各座標軸の単位ベクトルには，次式の関係が成り立つ．

$$i \times i = j \times j = k \times k = 0 \tag{13.24}$$

$$
\left.
\begin{array}{ll}
\bm{i} \times \bm{j} = \bm{k} & \bm{j} \times \bm{i} = -\bm{k} \\
\bm{j} \times \bm{k} = \bm{i} & \bm{k} \times \bm{j} = -\bm{i} \\
\bm{k} \times \bm{i} = \bm{j} & \bm{i} \times \bm{k} = -\bm{j}
\end{array}
\right\}
\tag{13.25}
$$

さらに，$\bm{A}, \bm{B}$ の直交座標成分を用いてベクトル積を表すと次のようになる．

$$
\bm{A} \times \bm{B} = \begin{vmatrix} \bm{i} & \bm{j} & \bm{k} \\ A_x & A_y & A_z \\ B_x & B_y & B_z \end{vmatrix}
\tag{13.26}
$$

$$
= \bm{i}(A_y B_z - A_z B_y) + \bm{j}(A_z B_x - A_x B_z) + \bm{k}(A_x B_y - A_y B_x)
$$

$$
= (A_y B_z - A_z B_y,\ A_z B_x - A_x B_z,\ A_x B_y - A_y B_x)
\tag{13.27}
$$

例 13.2 2つのベクトル $\bm{A}(1,\ 2,\ 3)$, $\bm{B}(3,\ 2,\ 1)$ の外積を求める．

$$
\bm{A} \times \bm{B} = \begin{vmatrix} \bm{i} & \bm{j} & \bm{k} \\ 1 & 2 & 3 \\ 3 & 2 & 1 \end{vmatrix} = (2-6,\ 9-1,\ 2-6) = (-4,\ 8,\ -4)
$$

例題 13.2 ベクトル積における分配法則，式 (13.23) を証明せよ．

解
$$
\bm{A} \times (\bm{B} + \bm{C}) = \begin{vmatrix} \bm{i} & \bm{j} & \bm{k} \\ A_x & A_y & A_z \\ B_x + C_x & B_y + C_y & B_z + C_z \end{vmatrix}
$$

$$
= \begin{vmatrix} \bm{i} & \bm{j} & \bm{k} \\ A_x & A_y & A_z \\ B_x & B_y & B_z \end{vmatrix} + \begin{vmatrix} \bm{i} & \bm{j} & \bm{k} \\ A_x & A_y & A_z \\ C_x & C_y & C_z \end{vmatrix}
$$

$$
= \bm{A} \times \bm{B} + \bm{A} \times \bm{C}
$$

なお，2つの行列式に分離できるのは，6.5 節の行列式の性質⑦を用いることによる．

例題 13.3 次の3重積を証明せよ．

(1) スカラー3重積
$$
\bm{A}(\bm{B} \times \bm{C}) = \bm{C}(\bm{A} \times \bm{B}) = \bm{B}(\bm{C} \times \bm{A})
$$

(2) ベクトル3重積
$$
\bm{A} \times (\bm{B} \times \bm{C}) = \bm{B}(\bm{A}\bm{C}) - \bm{C}(\bm{A}\bm{B})
$$

解 (1) $\boldsymbol{A}(\boldsymbol{B} \times \boldsymbol{C})$
$= (A_x, A_y, A_z)(B_yC_z - B_zC_y, B_zC_x - B_xC_z, B_xC_y - B_yC_x)$
$= A_x(B_yC_z - B_zC_y) + A_y(B_zC_x - B_xC_z) + A_z(B_xC_y - B_yC_x)$
$= C_x(A_yB_z - A_zB_y) + C_y(A_zB_x - A_xB_z) + C_z(A_xB_y - A_yB_x)$
$= \boldsymbol{C}(\boldsymbol{A} \times \boldsymbol{B})$

また，
与式 $= B_x(C_yA_z - C_zA_y) + B_y(C_zA_x - C_xA_z) + B_z(C_xA_y - C_yA_x)$
$= \boldsymbol{B}(\boldsymbol{C} \times \boldsymbol{A})$

(2) $\boldsymbol{A} \times (\boldsymbol{B} \times \boldsymbol{C}) = \begin{vmatrix} \boldsymbol{i} & \boldsymbol{j} & \boldsymbol{k} \\ A_x & A_y & A_z \\ B_yC_z - B_zC_y & B_zC_x - B_xC_z & B_xC_y - B_yC_x \end{vmatrix}$

ここで，x 成分のみを検討する．

x 成分 $= A_y(B_xC_y - B_yC_x) - A_z(B_zC_x - B_xC_z)$
$= B_x(A_yC_y + A_zC_z) - C_x(A_yB_y + A_zB_z)$
$= B_x(A_xC_x + A_yC_y + A_zC_z) - C_x(A_xB_x + A_yB_y + A_zB_z)$
$= B_x(\boldsymbol{A} \cdot \boldsymbol{C}) - C_x(\boldsymbol{A} \cdot \boldsymbol{B})$

y, z 成分も同様の計算を行うと，
$\boldsymbol{A} \times (\boldsymbol{B} \times \boldsymbol{C})$
$= \boldsymbol{i}\{B_x(\boldsymbol{A} \cdot \boldsymbol{C}) - C_x(\boldsymbol{A} \cdot \boldsymbol{B})\} + \boldsymbol{j}\{B_y(\boldsymbol{A} \cdot \boldsymbol{C}) - C_y(\boldsymbol{A} \cdot \boldsymbol{B})\}$
$+ \boldsymbol{k}\{B_z(\boldsymbol{A} \cdot \boldsymbol{C}) - C_z(\boldsymbol{A} \cdot \boldsymbol{B})\}$
$= (\boldsymbol{i}B_x + \boldsymbol{j}B_y + \boldsymbol{k}B_z)(\boldsymbol{AC}) - (\boldsymbol{i}C_x + \boldsymbol{j}C_y + \boldsymbol{k}C_z)(\boldsymbol{AB})$
$= \boldsymbol{B}(\boldsymbol{AC}) - \boldsymbol{C}(\boldsymbol{AB})$

●● 演習問題 [13] ●●

13.1 次の 2 つのベクトルについて，$\boldsymbol{A} + \boldsymbol{B}$, $\boldsymbol{A} - \boldsymbol{B}$, $\boldsymbol{B} - \boldsymbol{A}$, $2\boldsymbol{A} + 3\boldsymbol{B}$ の値を求めよ．
(1) $\boldsymbol{A}(2, 3, -4)$, $\boldsymbol{B}(3, -2, 0)$ (2) $\boldsymbol{A}(-3, 4, 2)$, $\boldsymbol{B}(-2, 0, 3)$
(3) $\boldsymbol{A}(1, 2, 3)$, $\boldsymbol{B}(4, 7, 5)$ (4) $\boldsymbol{A}(-2, 5, 1)$, $\boldsymbol{B}(3, -2, 7)$

13.2 次に示す 2 つのベクトルについて，それぞれの大きさ，スカラー積，$\boldsymbol{A}$ と $\boldsymbol{B}$ のなす角およびベクトル積 $\boldsymbol{A} \times \boldsymbol{B}$ と $\boldsymbol{B} \times \boldsymbol{A}$ を求めよ．
(1) $\boldsymbol{A}(2, 3, -4)$, $\boldsymbol{B}(3, -2, 0)$ (2) $\boldsymbol{A}(-3, 4, 2)$, $\boldsymbol{B}(-2, 0, 3)$
(3) $\boldsymbol{A}(1, 2, -3)$, $\boldsymbol{B}(3, 2, 1)$ (4) $\boldsymbol{A}(2, 3, 4)$, $\boldsymbol{B}(3, -2, 0)$
(5) $\boldsymbol{A}(1, 1, 1)$, $\boldsymbol{B}(2, -1, 2)$ (6) $\boldsymbol{A}(-3, 1, 5)$, $\boldsymbol{B}(5, 3, 1)$
(7) $\boldsymbol{A}(1, 2, -5)$, $\boldsymbol{B}(5, -2, -1)$ (8) $\boldsymbol{A}(1, 1, 1)$, $\boldsymbol{B}(1, -1, 1)$

13.3 2つのベクトルでつくる平行四辺形の面積を求めよ.
(1) $A(2, 3, -4)$, $B(3, -2, 0)$
(2) $A(1, 2, -3)$, $B(3, 2, 1)$
(3) $A(1, 1, 1)$, $B(2, -1, 2)$
(4) $A(1, -2, 3)$, $B(1, 5, -4)$
(5) $A(4, 3, 0)$, $B(2, -1, 2)$
(6) $A(2, -3, 5)$, $B(-2, 2, 2)$

13.4 $A(2, 3, -4)$, $B(3, -2, 0)$, $C(-2, 0, 3)$ とするとき，次の値を求めよ.
(1) $(A+B)C$
(2) $A(B+C)$
(3) $A \times (B+C)$
(4) $A(B \times C)$
(5) $A \times (B \times C)$
(6) $(A-B) \times (A+B)$

13.5 ベクトル $A(1, 1, 0)$, $B(0, 1, 1)$, $C(1, 0, 1)$ の実数倍の和を用いて，ベクトル $P(4, 8, 6)$ を表せ.

13.6 $A(2, 3, -4)$, $B(3, -2, 0)$ とするとき，次のベクトルに平行な単位ベクトルを求めよ.
(1) A
(2) $A + 2B$
(3) $A \times B$

13.7 A, B を2辺とする平行四辺形の面積は次式で求められることを証明せよ.
$$S = \sqrt{|A|^2|B|^2 - (A \cdot B)^2}$$

13.8 2つの電荷 $q_1 = 10^{-9}$[C], $q_2 = -10^{-9}$[C] がそれぞれ点 $(-0.3, 0, 0)$ [m], $(0.3, 0, 0)$ [m] の位置にあるとき，点 P$(0, 0.4, 0)$ [m] における電界ベクトルの向きとその大きさを求めよ．なお，q[C] から r [m] 離れた点の電界は $E = \dfrac{q}{4\pi\varepsilon_0} \cdot \dfrac{r}{r^3}$ であり，$\dfrac{1}{4\pi\varepsilon_0} \fallingdotseq 9 \times 10^9$ である.

第14章

数列とその極限

14.1 等差数列

初項 a，公差 d の等差数列の第 n 項 a_n は，

$$a_n = a + (n-1)d \tag{14.1}$$

第 1 項〜第 n 項までの和 S は，

$$S = \frac{n}{2}\{2a + (n-1)d\} = \frac{n(a+a_n)}{2} \tag{14.2}$$

例 14.1 $\quad 1 + 2 + 3 + \cdots\cdots + n = \dfrac{n(n+1)}{2}$

14.2 等比数列

初項 a，公比 r の等比数列の第 n 項 a_n は，

$$a_n = ar^{n-1} \tag{14.3}$$

第 1 項〜第 n 項までの和 S は，

$$\left. \begin{array}{l} r \neq 1 \text{ のとき} \quad S = \dfrac{a(1-r^n)}{1-r} \\ r = 1 \text{ のとき} \quad S = na \end{array} \right\} \tag{14.4}$$

例 14.2 $\quad 1 + 2 + 4 + 8 + 16 + \cdots + 2^{n-1} = \dfrac{1(1-2^n)}{1-2} = 2^n - 1$

14.3 記号 Σ (シグマ) とその性質

$$\sum_{k=1}^{n} a_k = a_1 + a_2 + \cdots\cdots + a_n \tag{14.5}$$

すなわち，$\displaystyle\sum_{k=1}^{n} a_k$ は，$k = 1 \sim n$ までの各項の和をとることを意味している．

$$\sum_{k=1}^{n} (a_k + b_k) = \sum_{k=1}^{n} a_k + \sum_{k=1}^{n} b_k \tag{14.6}$$

$$\sum_{k=1}^{n} ca_k = c \sum_{k=1}^{n} a_k \quad (c \text{ は } k \text{ に無関係な定数}) \tag{14.7}$$

14.4　数学的帰納法

自然数 n を含んだ命題が，すべての自然数について成り立つことを証明するには，次のことを示せばよい．

(1)　$n = 1$ のとき成り立つ．
(2)　$n = k$ のとき成り立つと仮定すると，$n = k+1$ のときにも成り立つ．

14.5　有限数列の和の証明

$\sum_{k=1}^{n} k = 1 + 2 + 3 + \cdots + n = \frac{1}{2}n(n+1)$ を証明する．

(1) 漸化式による証明

$(k+1)^2 - k^2 = 2k+1$ の関係を利用する．

$$
\begin{array}{ll}
k = 1 \text{ のとき,} & 2^2 - 1^1 = 2 \times 1 + 1 \\
k = 2 \text{ のとき,} & 3^2 - 2^2 = 2 \times 2 + 1 \\
k = 3 \text{ のとき,} & 4^2 - 3^2 = 2 \times 3 + 1 \\
\quad \vdots & \quad \vdots \\
k = n \text{ のとき,} & \underline{+)\ (n+1)^2 - n^2 = 2 \times n + 1}
\end{array}
$$

したがって，$\sum_{k=1}^{n} k = \frac{1}{2}\{(n+1)^2 - 1 - n\} = \frac{1}{2}n(n+1)$

(2) 数学的帰納法による証明

$n = 1$ のとき，左辺 $= 1$，右辺 $= \dfrac{1 \times 2}{2} = 1$ で成り立つ．$n = k$ のとき与式が成り立つと仮定すると，

$$1 + 2 + 3 + \cdots\cdots + k = \frac{k(k+1)}{2}$$

この関係を用いて，$n = k+1$ について検討する．

$$1 + 2 + 3 + \cdots\cdots + k + (k+1)$$
$$= \frac{k(k+1)}{2} + (k+1) = (k+1)\left(\frac{k}{2} + 1\right)$$
$$= \frac{1}{2}(k+1)(k+2)$$

したがって，$n = k+1$ でも与式は成り立っている．

以上により，すべての自然数 n に対して与式は成り立つ．

これらの証明法を用いると，等差数列，等比数列のほかにもいろいろな数列の和の関係を求めることができる．その代表例を以下に示す．

$$\sum_{k=1}^{n} k^2 = 1^2 + 2^2 + 3^2 + \cdots + n^2 = \frac{1}{6}n(n+1)(2n+1) \tag{14.8}$$

$$\sum_{k=1}^{n} k^3 = 1^3 + 2^3 + 3^3 + \cdots + n^3 = \frac{1}{4}n^2(n+1)^2 = \left(\sum_{k=1}^{n} k\right)^2 \tag{14.9}$$

$$\sum_{k=1}^{n} \frac{1}{k(k+1)} = \frac{n}{n+1} \tag{14.10}$$

例題 14.1 式 (14.10) を部分分数分解を用いて証明せよ．

解
$$\sum_{k=1}^{n} \frac{1}{k(k+1)} = \sum_{k=1}^{n} \left(\frac{1}{k} - \frac{1}{k+1}\right)$$
$$= \left(1 - \frac{1}{2}\right) + \left(\frac{1}{2} - \frac{1}{3}\right) + \left(\frac{1}{3} - \frac{1}{4}\right) + \cdots\cdots + \left(\frac{1}{n} - \frac{1}{n+1}\right)$$
$$= 1 - \frac{1}{n+1} = \frac{n}{n+1}$$

14.6 数列の極限

数列 $\{a_n\}$ において，n を限りなく大きくすると，a_n の値が一定な有限の値 (有限確定値)α に限りなく近づくとき，$\{a_n\}$ は α に<u>収束する</u>といい，α を極限値とよぶ．収束しない場合には<u>発散する</u>という．数列の極限値には，次の関係が成り立つ．

$\lim_{n \to \infty} a_n = \alpha$，$\lim_{n \to \infty} b_n = \beta$ （α, β：有限確定値）のとき，

$$\left. \begin{array}{l} \lim_{n \to \infty} c a_n = c\alpha \quad (c：定数) \\ \lim_{n \to \infty} (a_n \pm b_n) = \alpha \pm \beta \quad [複号同順] \\ \lim_{n \to \infty} a_n b_n = \alpha\beta \\ \lim_{n \to \infty} \frac{a_n}{b_n} = \frac{\alpha}{\beta} \quad (\beta \neq 0) \end{array} \right\} \tag{14.11}$$

14.7　主な数列の極限

$$\left.\begin{array}{l}\lim_{n\to\infty} n^k \;:\; k>0 \text{ のとき} \quad \lim_{n\to\infty} n^k = \infty \\ \phantom{\lim_{n\to\infty} n^k \;:\;} k<0 \text{ のとき} \quad \lim_{n\to\infty} n^k = 0\end{array}\right\} \quad (14.12)$$

$$\left.\begin{array}{l}\lim_{n\to\infty} r^n \;:\; r>1 \text{ のとき} \quad \lim_{n\to\infty} r^n = \infty \\ \phantom{\lim_{n\to\infty} r^n \;:\;} r=1 \text{ のとき} \quad \lim_{n\to\infty} r^n = 1 \\ \phantom{\lim_{n\to\infty} r^n \;:\;} |r|<1 \text{ のとき} \quad \lim_{n\to\infty} r^n = 0 \\ \phantom{\lim_{n\to\infty} r^n \;:\;} r\leqq -1 \text{ のとき} \quad \{r^n\} \text{ は振動する}\end{array}\right\} \quad (14.13)$$

例題 14.2　$\lim_{n\to\infty}(\sqrt{n+1}-\sqrt{n})$ を求めよ．

解　このままの形では解が得られないので，次のような手法 (分子の有理化) を用いる．

$$\begin{aligned}\lim_{n\to\infty}(\sqrt{n+1}-\sqrt{n}) &= \lim_{n\to\infty}\frac{(\sqrt{n+1}-\sqrt{n})(\sqrt{n+1}+\sqrt{n})}{\sqrt{n+1}+\sqrt{n}} \\ &= \lim_{n\to\infty}\frac{1}{\sqrt{n+1}+\sqrt{n}} = 0\end{aligned}$$

14.8　無限級数の収束・発散

収束・発散を調べるためには，次のようにする．

① 第 1 項～第 n 項までの和 $S_n = \sum_{k=1}^{n} a_k$ を求める．

② $\lim_{n\to\infty} S_n$ を調べる．

その結果，$\lim_{n\to\infty} S_n = S$ (有限確定値) のとき収束するといい，S を無限級数の和という．これ以外の場合を発散するという．

無限級数の収束・発散には次のような性質がある．

① $\sum_{n=1}^{\infty} a_n$ が収束するならば，$\lim_{n\to\infty} a_n = 0$.

② $\lim_{n\to\infty} a_n \neq 0$ ならば，$\sum_{n=1}^{\infty} a_n$ は発散する．

③ $\lim_{n\to\infty} a_n = 0$ で必ずしも $\sum_{n=1}^{\infty} a_n$ は収束するとは限らない．

④ $\lim_{n\to\infty}\frac{a_{n+1}}{a_n} = q$ ならば，$|q|<1$ で収束，$|q|>1$ で発散する．

例題 14.3 次の無限級数の収束・発散を調べよ．
$$\sum_{k=1}^{\infty} (\sqrt{k+1} - \sqrt{k})$$

解
$$\begin{aligned} S_n &= \sum_{k=1}^{n} (\sqrt{k+1} - \sqrt{k}) \\ &= (\sqrt{2} - 1) + (\sqrt{3} - \sqrt{2}) + (\sqrt{4} - \sqrt{3}) + \cdots + (\sqrt{n+1} - \sqrt{n}) \\ &= \sqrt{n+1} - 1 \end{aligned}$$
$$\lim_{n \to \infty} S_n = \lim_{n \to \infty} (\sqrt{n+1} - 1) = \infty \quad (発散)$$

この無限数列は，例題 14.2 から $\lim_{n \to \infty} a_n = 0$ であるが，$\sum_{k=1}^{\infty} a_n = \infty$ で発散している．すなわち，上記の性質③に該当した例である．

14.9 　無限等比級数

無限級数が等比級数の場合には，公比 $|r| < 1$ のときに限って収束し (前節の④参照)，その和 S は次式のようになる．

$$S = \frac{a}{1-r} \quad (a：初項の値) \tag{14.14}$$

例 14.3 循環小数 $0.2\dot{3}4\dot{5}$ を分数で表す．

$$\begin{aligned} 0.2\dot{3}4\dot{5} &= 0.2 + 0.0\dot{3}4\dot{5} \\ &= 0.2 + \left\{ 0.0345 + 0.0345 \times \frac{1}{1000} + 0.0345 \times \left(\frac{1}{1000}\right)^2 + \cdots \right\} \\ &= 0.2 + \frac{0.0345}{1 - \frac{1}{1000}} = \frac{1}{5} + \frac{34.5}{999} = \frac{1998 + 345}{9990} \\ &= \frac{2343}{9990} = \frac{781}{3330} \end{aligned}$$

14.10 　無限級数の和の例

$$1 + \frac{1}{2} + \frac{1}{4} + \frac{1}{8} + \cdots + \frac{1}{2^n} + \cdots = 2 \tag{14.15}$$

$$\frac{1}{1 \cdot 2} + \frac{1}{2 \cdot 3} + \frac{1}{3 \cdot 4} + \cdots + \frac{1}{n(n+1)} + \cdots = 1 \tag{14.16}$$

$$\frac{1}{1^2} + \frac{1}{2^2} + \frac{1}{3^2} + \cdots + \frac{1}{n^2} + \cdots = \frac{\pi^2}{6} \tag{14.17}$$

$$1 + \frac{1}{1!} + \frac{1}{2!} + \frac{1}{3!} + \cdots + \frac{1}{n!} + \cdots = e \quad (\text{自然対数の底}) \qquad (14.18)$$

ここで，$n! = n(n-1)\cdots 2\cdot 1$ を表している．

演習問題 [14]

14.1 次の数列の第 n 項 a_n および第 n 項までの和 S_n を求めよ．

(1) $1, 3, 5, 7, \cdots$ (2) $2, 5, 8, 11, \cdots$

(3) $2, 4, 8, 16, \cdots$ (4) $1, -\frac{1}{3}, \frac{1}{9}, -\frac{1}{27}, \cdots$

(5) $\frac{2}{3}, \frac{4}{9}, \frac{8}{27}, \frac{16}{81}, \cdots$ (6) $\frac{1}{1\times 3}, \frac{1}{3\times 5}, \frac{1}{5\times 7}, \cdots$

(7) $\frac{1}{3^2-1}, \frac{1}{5^2-1}, \frac{1}{7^2-1}, \cdots$ (8) $1, \frac{1}{\sqrt{2}}, \frac{1}{2}, \cdots$

(9) $1, 4, 13, 40, \cdots$

14.2 次の無限級数の和を求めよ．

(1) $1 + \frac{1}{2} + \frac{1}{4} + \frac{1}{8} + \cdots$ (2) $\frac{1}{5\cdot 7} + \frac{1}{7\cdot 9} + \frac{1}{9\cdot 11} + \cdots$

(3) $1 + \frac{1}{\sqrt{2}} + \frac{1}{2} + \cdots$ (4) $\frac{1}{3^2-1} + \frac{1}{5^2-1} + \frac{1}{7^2-1} + \cdots$

(5) $\frac{1}{1\cdot 3} + \frac{1}{2\cdot 4} + \frac{1}{3\cdot 5} + \cdots$ (6) $\frac{1}{1\cdot 2\cdot 3} + \frac{1}{2\cdot 3\cdot 4} + \frac{1}{3\cdot 4\cdot 5} + \cdots$

14.3 次の極限値を求めよ．

(1) $\displaystyle\lim_{n\to\infty} \frac{2n+3}{n+1}$ (2) $\displaystyle\lim_{n\to\infty} \frac{1^2+2^2+3^2+\cdots+n^2}{n^3}$

(3) $\displaystyle\lim_{n\to\infty} \frac{n}{n^2-n+1}$ (4) $\displaystyle\lim_{n\to\infty} \frac{2^n}{3^n-1}$

(5) $\displaystyle\lim_{n\to\infty} \frac{(2n-1)^2}{n^2+1}$ (6) $\displaystyle\lim_{n\to\infty} 2^{-n}$

(7) $\displaystyle\lim_{n\to\infty} (\sqrt{n^2-3n+2} - \sqrt{n^2+n+3})$ (8) $\displaystyle\lim_{n\to\infty} \frac{\sqrt{n+5}-\sqrt{n+3}}{\sqrt{n-1}-\sqrt{n}}$

(9) $\displaystyle\lim_{n\to\infty} \frac{2^n-2^{-n}}{2^n+2^{-n}}$ (10) $\displaystyle\lim_{n\to\infty} \frac{1+3+3^2+\cdots+3^{n-1}}{3^n}$

14.4 $S_n = 1+2+3+\cdots+n$ とするとき，次の極限値を求めよ．

(1) $\displaystyle\lim_{n\to\infty} \frac{S_n}{n^2}$ (2) $\displaystyle\lim_{n\to\infty} \left(\sqrt{S_{n+1}} - \sqrt{S_n}\right)$

14.5 次の無限級数の和を求めよ．

(1) $\frac{1}{2} - \frac{1}{3} + \frac{1}{4} - \frac{1}{6} + \frac{1}{8} - \frac{1}{12} + - \cdots$

(2) $j + \frac{j^2}{2} + \frac{j^3}{4} + \frac{j^4}{8} + \cdots$ ただし，$j = \sqrt{-1}$ とする．

14.6 次の無限級数の和を求めよ．ただし，$\alpha > 0$ とする．

(1) $1 + e^{-\alpha} + e^{-2\alpha} + e^{-3\alpha} + \cdots$

(2) $e^{-\alpha} + 2e^{-2\alpha} + 3e^{-3\alpha} + \cdots$

14.7 問図 14.1 のように，$P_1(a, 0)$ を x 軸上にとり，P_2 は $\overline{P_1P_2}$ が $\overline{OP_1}$ の 2/3 倍になるように直角にとる．このように，順次 2/3 倍としたときの $P_n(n \to \infty)$ における座標を求めよ．また，線分の和を次式より求めよ．

$$\lim_{n \to \infty} (\overline{P_1P_2} + \overline{P_2P_3} + \cdots + \overline{P_{n-1}P_n})$$

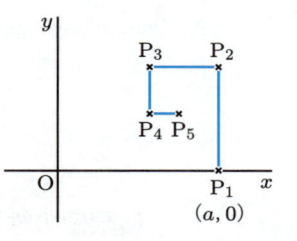

問図 14.1

14.8 問図 14.2 のように，正方形の一辺が $r\,[\Omega]$ の抵抗で構成された非常に長いはしご形の回路がある．AB 間に電圧 $V\,[\mathrm{V}]$ を印加したとき，図に示すような電流が流れているものとして，次の問いに答えよ．

(1) 点線で示した網目回路にキルヒホッフ則を適用して，電流の漸化式をつくれ（I_n，I_{n+1} と I_{n+2} を用いて表すこと）．

(2) $n \geqq 1$ のとき，$\dfrac{I_{n+1}}{I_n} = \dfrac{I_n}{I_{n-1}} = x$ とおくと，$I_n = I_1 \times (2 - \sqrt{3})^{n-1}$ が成り立つことを証明せよ．

　ヒント　x の 2 次式の解を求める．ただし，$|x| < 1$．

(3) AB 端からみた全抵抗 R は $\sqrt{3}r/3$ となることを示せ．

　ヒント　$V = rI_0 = r(I_1 + I_1' + I_1)$，$V = R(2I_1 + I_0)$ から I_0，I_1' を消去して，I_2 に (2) の関係式を代入する．

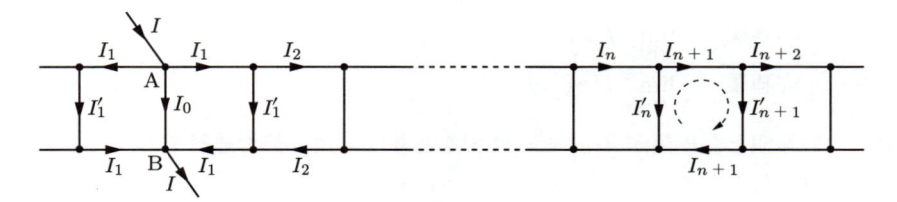

問図 14.2

第15章

関数の極限

15.1 極限値の性質

関数の極限には，次のような関係が成り立つ．
$\lim_{x \to a} f(x) = \alpha$, $\lim_{x \to a} g(x) = \beta$ （α, β：有限確定値) のとき，

$$\left.\begin{aligned}&\lim_{x \to a} cf(x) = c\alpha \quad (c \text{ は定数}) \\ &\lim_{x \to a} \{f(x) \pm g(x)\} = \alpha \pm \beta \quad [\text{複号同順}] \\ &\lim_{x \to a} \{f(x) \cdot g(x)\} = \alpha\beta \\ &\lim_{x \to a} \frac{f(x)}{g(x)} = \frac{\alpha}{\beta} \quad (\beta \neq 0)\end{aligned}\right\} \tag{15.1}$$

15.2 右極限と左極限

関数 $f(x)$ を点 $x = a$ において，右側 (正側) から近づけて極限をとったものを右極限，左側 (負側) から近づけて極限をとったものを左極限という．

右極限： $\lim_{x \to a_{+0}} f(x)$

左極限： $\lim_{x \to a_{-0}} f(x)$

これらの右極限と左極限が $f(a)$ と一致するときは，15.6 節で述べるように必ずその点で関数は連続となる．

例 15.1 $f(x) = \dfrac{1}{x}$ の $x = 0$ における極限を求める．

右極限： $\lim_{x \to +0} f(x) = +\infty$

左極限： $\lim_{x \to -0} f(x) = -\infty$

◆注◆ $x \to a_{+0}$, $x \to a_{-0}$ で，$a = 0$ のときは，$x \to +0$, $x \to -0$ と表現する．

15.3 はさみうちの原理

$f(x) < g(x) < h(x)$ であって，

$\lim_{x \to a} f(x) = \lim_{x \to a} h(x) = \alpha$ ならば， $\lim_{x \to a} g(x) = \alpha$

15.4　重要な極限値

$$\lim_{x \to 0} \frac{\sin x}{x} = 1 \quad (x \text{ の単位は rad}) \tag{15.2}$$

$$\lim_{x \to 0} \frac{\tan x}{x} = 1 \quad (x \text{ の単位は rad}) \tag{15.3}$$

$$\lim_{x \to 0} (1+x)^{\frac{1}{x}} = e \tag{15.4}$$

$$\lim_{x \to \infty} \left(1 + \frac{1}{x}\right)^x = e \tag{15.5}$$

15.5　不定形の極限

$\infty - \infty$, $\dfrac{\infty}{\infty}$, $0 \times \infty$, $\dfrac{0}{0}$ の形になる極限を**不定形**という．このような形になるときは，式を変形した上で極限を適用する．その主な方法は，次のとおりである．

① 因数分解などにより分母・分子をできるだけ簡単にしてから極限値を求める．
② 無理式を含む場合には，分母または分子を有理化してから極限値を求める．
③ 分母・分子を，極限を適用する変数の最高次の項で割ってから極限値を求める．
④ 極限を適用する変数で分母・分子をおのおの微分した上で極限を適用する．なお，1次微分でも不定形になる場合は，順次，高次微分をとっていくことができる（これをロピタルの定理といい，17.5 節でも取り扱う）．

例題 15.1　次の極限値を求めよ．

(1) $\displaystyle\lim_{x \to 1} \frac{x^2 + 4x - 5}{x^2 + x - 2}$　　(2) $\displaystyle\lim_{x \to 0} \frac{\sqrt{1+x} - 1}{x}$

(3) $\displaystyle\lim_{x \to \infty} \frac{2x^2 + 5}{5x^2 + x + 7}$

解

(1) $\displaystyle\lim_{x \to 1} \frac{x^2 + 4x - 5}{x^2 + x - 2} = \lim_{x \to 1} \frac{(x+5)(x-1)}{(x+2)(x-1)} = \lim_{x \to 1} \frac{x+5}{x+2} = \frac{6}{3} = 2$

(2) $\displaystyle\lim_{x \to 0} \frac{\sqrt{1+x} - 1}{x} = \lim_{x \to 0} \frac{(\sqrt{1+x} - 1)(\sqrt{1+x} + 1)}{x(\sqrt{1+x} + 1)}$
$\displaystyle\qquad = \lim_{x \to 0} \frac{1 + x - 1}{x(\sqrt{1+x} + 1)} = \lim_{x \to 0} \frac{1}{\sqrt{1+x} + 1} = \frac{1}{2}$

(3) $\displaystyle\lim_{x \to \infty} \frac{2x^2 + 5}{5x^2 + x + 7} = \frac{2 + \dfrac{5}{x^2}}{5 + \dfrac{1}{x} + \dfrac{7}{x^2}} = \frac{2}{5}$

例 15.2　ロピタルの定理を用いて，式 (15.2) と式 (15.3) で示した三角関数の極限値を求める．

(1) $\displaystyle\lim_{x\to 0}\frac{\sin x}{x} = \lim_{x\to 0}\frac{\cos x}{1} = \frac{\cos 0}{1} = 1$

(2) $\displaystyle\lim_{x\to 0}\frac{\tan x}{x} = \lim_{x\to 0}\frac{\sin x}{x\cos x} = \lim_{x\to 0}\frac{\cos x}{\cos x - x\sin x} = \frac{1}{1-0} = 1$

例 15.3 指数・対数を含んだ次の極限値を求める.

(1) $\displaystyle\lim_{x\to\infty}\frac{3^x - 3^{-x}}{3^x + 3^{-x}} = \lim_{x\to\infty}\frac{1 - 3^{-2x}}{1 + 3^{-2x}} = \frac{1-0}{1+0} = 1$

(2) $\displaystyle\lim_{x\to\infty}\{\log_a(x+2) - \log_a x\} = \lim_{x\to\infty}\left(\log_a\frac{x+2}{x}\right) = \lim_{x\to\infty}\left\{\log_a\left(1+\frac{2}{x}\right)\right\}$
$= \log_a 1 = 0$

15.6 関数の連続性

$y = f(x)$ が $x = a$ で連続であるためには，次の3つの条件をすべて満たす必要がある.

① $f(a)$ が存在すること．すなわち，a が $f(x)$ の定義域に属していること.
② $\displaystyle\lim_{x\to a}f(x)$ が存在すること.
③ $\displaystyle\lim_{x\to a}f(x) = f(a)$ であること.

この連続の条件を満たしていると，グラフでいえば，$x = a$ でグラフがつながっていることを示している．もし，上記3つの条件のどれか1つでも満たさないときは，$f(x)$ は $x = a$ で不連続であるという.

15.7 連続関数の性質

(1) $y = f(x)$ がある区間で連続 $\rightleftarrows$ その区間内のすべての点 x に対して $f(x)$ は連続.

(2) $f(x)$, $g(x)$ が連続ならば，次の関数も連続である.

① $kf(x)$ 　(k：定数)
② $f(x) \pm g(x)$
③ $f(x) \cdot g(x)$
④ $\dfrac{f(x)}{g(x)}$ 　($g(x) \neq 0$)

例 15.4 次の関数の連続性を調べる.

(1) $f(x) = \begin{cases} x+1 & (x \neq 1) \\ 0 & (x = 1) \end{cases}$

この関数は,$x > 1$ でも $x < 1$ でも連続である.$x = 1$ では,
$$\lim_{x \to 1} f(x) = 2 \qquad f(1) = 0$$
したがって,$f(x)$ は $x = 1$ で連続でない (図 15.1 参照).

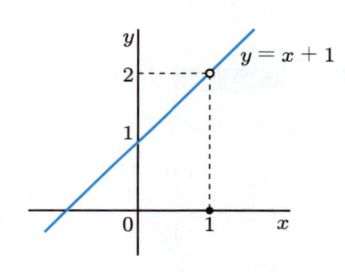

図 15.1 関数の連続性

(2) $f(x) = \sqrt{x}$

x は実数なので,その定義域は $x \geq 0$ である.
$$\lim_{x \to 0} \sqrt{x} = \lim_{x \to +0} \sqrt{x} = 0 \qquad f(0) = 0$$
したがって,$f(x)$ は定義域ではすべて連続である.

15.8 中間値の定理

(1) $f(x)$ が $a \leq x \leq b$ で連続で,$f(a) \neq f(b)$ のとき,$f(a)$ と $f(b)$ の間の k に対し,$f(c) = k (a < c < b)$ となる c が少なくとも 1 つ存在する.
(2) $f(x)$ が $a \leq x \leq b$ で連続で,$f(a) \cdot f(b) < 0$ のとき $f(x) = 0$ の解は a と b の間に少なくとも 1 つ存在する.

例題 15.2 方程式 $\cos x = x$ は,$0 < x < \dfrac{\pi}{2}$ で実数解をもつことを示せ.

解 $f(x) = \cos x - x$ とおくと,
$$f(0) = 1 \qquad f\left(\dfrac{\pi}{2}\right) = -\dfrac{\pi}{2}$$
したがって,$f(0) \cdot f\left(\dfrac{\pi}{2}\right) < 0$ なので,$0 < x < \dfrac{\pi}{2}$ で $f(x) = 0$ となる x が存在する (図 15.2 参照).

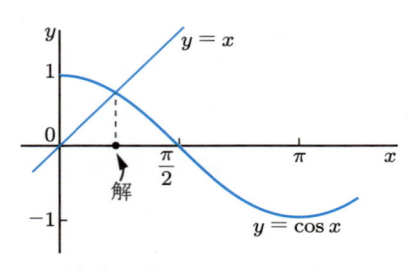

図 15.2 $\cos x = x$ の解の存在

●● 演習問題 [15] ●●

15.1 次の極限値を求めよ (R, L, C は正の値とする).

(1) $\displaystyle\lim_{x \to 1} \frac{x^2 - 1}{x - 1}$

(2) $\displaystyle\lim_{x \to 1} \frac{x^8 - 1}{x - 1}$

(3) $\displaystyle\lim_{R_2 \to \infty} \frac{R_1 R_2}{R_1 + R_2}$

(4) $\displaystyle\lim_{x \to 0} \frac{x}{\sqrt{1+x} - \sqrt{1-x}}$

(5) $\displaystyle\lim_{x \to 1} \frac{\sqrt{2x-1} - \sqrt{x}}{x - 1}$

(6) $\displaystyle\lim_{x \to 3} \frac{\sqrt{x+1} - 2}{x - 3}$

(7) $\displaystyle\lim_{x \to 1} \frac{\sqrt{3x-1} - \sqrt{2x}}{x - 1}$

(8) $\displaystyle\lim_{x \to 0} \frac{x}{\sqrt{1+3x} - 1}$

(9) $\displaystyle\lim_{x \to 0} \frac{\sqrt{1+x} - 1}{x}$

(10) $\displaystyle\lim_{x \to \infty} (\sqrt{x^2 + x + 1} - \sqrt{x^2 - x})$

(11) $\displaystyle\lim_{x \to -\infty} \{\sqrt{(x+a)(x+b)} + x\}$

(12) $\displaystyle\lim_{x \to 0} \frac{\sin 3x}{x}$

(13) $\displaystyle\lim_{x \to 0} \frac{1 - \cos x}{x^2}$

(14) $\displaystyle\lim_{x \to 0} \frac{\sin 3x}{\tan x}$

(15) $\displaystyle\lim_{x \to 0} \frac{x - \sin x}{x^3}$

(16) $\displaystyle\lim_{x \to 0} \frac{1 - \cos 2x}{x^2}$

(17) $\displaystyle\lim_{x \to \infty} \frac{3^x + 2^x}{3^x - 2^x}$

(18) $\displaystyle\lim_{x \to -\infty} \frac{3^x + 2^x}{3^x - 2^x}$

(19) $\displaystyle\lim_{x \to 1_{-0}} \frac{|x-1|}{x-1}$

(20) $\displaystyle\lim_{x \to 1_{+0}} \frac{|x-1|}{x-1}$

(21) $\displaystyle\lim_{x \to \infty} \{\log x - \log(x-1)\}$

(22) $\displaystyle\lim_{x \to 0} \frac{1 - \cos x}{x(\sqrt{1+x} - 1)}$

(23) $\displaystyle\lim_{x \to 1} \frac{\sqrt[4]{x} - 1}{\sqrt[3]{x} - 1}$

(24) $\displaystyle\lim_{t \to \infty} E(1 - e^{-\frac{1}{CR}t})$

(25) $\displaystyle\lim_{t \to 0} E(1 - e^{-\frac{1}{CR}t})$

(26) $\displaystyle\lim_{t \to \infty} \frac{E}{R}(1 - e^{-\frac{R}{L}t})$

15.2 次の関数の極限を調べて概略図を描け.

(1) $y = \dfrac{x}{|x-1|}$

(2) $y = \dfrac{1}{1 + e^{\frac{1}{x-1}}}$

15.3 次の極限値を求めよ．

(1) $\displaystyle\lim_{x\to 0}\frac{\mathrm{Sin}^{-1}x}{x}$ 　　(2) $\displaystyle\lim_{x\to 2\pi}\frac{\sin x}{x^2-4\pi^2}$ 　　(3) $\displaystyle\lim_{x\to\infty}\left(1+\frac{2}{x}\right)^{2x}$

(4) $\displaystyle\lim_{x\to-\infty}\left(1-\frac{1}{2x}\right)^{4x}$ 　　(5) $\displaystyle\lim_{x\to 0}\frac{\log(1+x)}{x}$ 　　(6) $\displaystyle\lim_{x\to 0}\frac{\log(1+5x)}{x}$

(7) $\displaystyle\lim_{x\to\infty}\tanh x$

15.4 問図 15.1 のように，平行した長さ ℓ [m] の電線の片端に抵抗 R [Ω] を接続したとき，他端からみた高周波インピーダンス Z は次式で表される．

$$Z=Z_0\frac{Ae^{\gamma\ell}+Be^{-\gamma\ell}}{Ae^{\gamma\ell}-Be^{-\gamma\ell}}$$

ここで，Z_0, A, B, γ は定数である．以下の式を証明せよ．

(1) $\displaystyle\lim_{\ell\to 0}Z=R$ を用いて A, B を消去すると，$\displaystyle\frac{Z}{Z_0}=\frac{\dfrac{R}{Z_0}+\tanh\gamma\ell}{1+\dfrac{R}{Z_0}\tanh\gamma\ell}$

(2) $\gamma=j\beta$ のとき，$\displaystyle\lim_{R\to 0}\frac{Z}{Z_0}=j\tan\beta\ell$ 　$(R\to 0$ すなわち短絡状態$)$

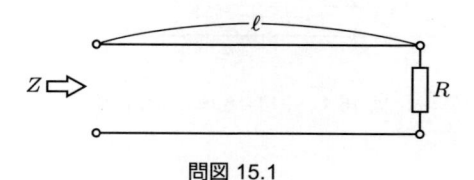

(3) $\gamma=j\beta$ のとき，$\displaystyle\lim_{R\to\infty}\frac{Z}{Z_0}=-j\cot\beta\ell$ 　$(R\to\infty$ すなわち開放状態$)$

問図 15.1

第16章

微分計算法

16.1　微分係数と導関数

(1) 平均変化率

図 16.1 で，$\dfrac{\mathrm{CB}}{\mathrm{AB}}$ を閉区間 $[a, a+h]$ における平均変化率という．

$$\frac{\Delta y}{\Delta x} = \frac{\mathrm{CB}}{\mathrm{AB}} = \frac{f(a+h) - f(a)}{h} \tag{16.1}$$

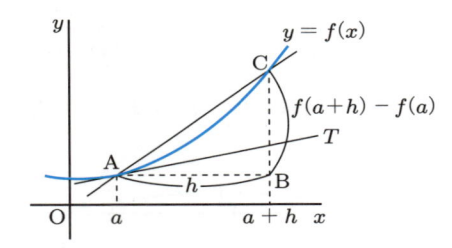

図 16.1　平均変化率と微分係数

(2) 微分係数

平均変化率について h の極限をとった値であり，関数 $y = f(x)$ の $x = a$ における接線 (図 16.1 の直線 T) の傾きを意味している．

$$f'(a) = \lim_{h \to 0} \frac{f(a+h) - f(a)}{h} \tag{16.2}$$

(3) 微分 (導関数)

関数 $y = f(x)$ を x のある区間 (とくに断わりがなければ，x のすべての実数領域) におけるすべての点での微分係数を関数表示したものである．

$$f'(x) = \lim_{h \to 0} \frac{f(x+h) - f(x)}{h} \tag{16.3}$$

なお，微分の表示は次のように表す．

$$f'(x), \quad y', \quad \frac{dy}{dx}, \quad \frac{d}{dx}f(x)$$

例 16.1　$f(x) = x^2$ において，$x = a$ における微分係数を求める．

$$f'(a) = \lim_{h \to 0} \frac{(a+h)^2 - a^2}{h} = \lim_{h \to 0} \frac{a^2 + 2ah + h^2 - a^2}{h}$$
$$= \lim_{h \to 0}(2a + h) = 2a$$

例 16.2　$y = \sqrt{x}$ の導関数を求める．

$$\frac{dy}{dx} = \lim_{h \to 0} \frac{\sqrt{x+h} - \sqrt{x}}{h} = \lim_{h \to 0} \frac{x+h-x}{h(\sqrt{x+h} + \sqrt{x})} = \frac{1}{2\sqrt{x}}$$

16.2　関数の連続性と微分

　関数 $f(x)$ が $x = a$ において微分可能（微分係数が存在する）なら，$f(x)$ は $x = a$ において連続である．

　しかし，$f(x)$ が $x = a$ において連続であっても，必ずしも微分可能であるとは限らない（図 16.2 参照）．たとえば，$f(x) = |x|$ は $x = 0$ において連続であるが，$f'(0)$ は存在しない．なぜなら，

$$\lim_{h \to +0} \frac{f(0+h) - f(0)}{h} = \lim_{h \to +0} \frac{|h|}{h} = \lim_{h \to +0} \frac{h}{h} = 1$$

$$\lim_{h \to -0} \frac{f(0+h) - f(0)}{h} = \lim_{h \to -0} \frac{|h|}{h} = \lim_{h \to -0} \frac{-h}{h} = -1$$

なお，微分計算は機械的に行えるため，この連続性と微分可能について，あまり注意を払っていないことが多いが，十分注意する必要がある．

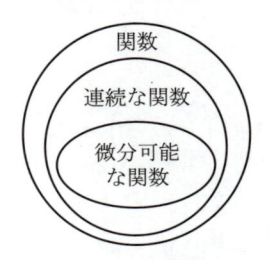

図 16.2　関数の連続性と微分

16.3　微分の計算規則

(1)　k が定数のとき，$y = kf(x) \longrightarrow y' = kf'(x)$　　　　　　　　　　(16.4)

(2)　$y = f(x) \pm g(x) \longrightarrow y' = f'(x) \pm g'(x)$　　　　　　　　　　(16.5)

(3) $y = f(x)g(x) \longrightarrow y' = f'(x)g(x) + f(x)g'(x)$ (16.6)

$$\text{または,} \quad (uv)' = u'v + uv'$$

(4) $y = \dfrac{f(x)}{g(x)} \longrightarrow y' = \dfrac{f'(x)g(x) - f(x)g'(x)}{\{g(x)\}^2}$ (16.7)

$$\text{または,} \quad \left(\dfrac{u}{v}\right)' = \dfrac{u'v - uv'}{v^2}$$

とくに，分子が1の場合には次のように表すことができる．

$$y = \dfrac{1}{g(x)} \longrightarrow y' = \dfrac{-g'(x)}{\{g(x)\}^2} \tag{16.8}$$

(5) n が有理数のとき，

$$y = x^n \longrightarrow y' = nx^{n-1} \tag{16.9}$$

$$y = \{f(x)\}^n \longrightarrow y' = n\{f(x)\}^{n-1}f'(x) \tag{16.10}$$

例題 16.1 次の関数を微分せよ．

(1) $y = (x^3 + 1)(x^2 - x)$ (2) $y = \dfrac{4x - 3}{x^2 + 2}$

(3) $y = (2x + 1)\left(x - \dfrac{1}{x}\right)$

解 (1) $y' = 3x^2(x^2 - x) + (x^3 + 1)(2x - 1)$

$\qquad = 3x^4 - 3x^3 + 2x^4 - x^3 + 2x - 1 = 5x^4 - 4x^3 + 2x - 1$

(2) $y' = \dfrac{4(x^2 + 2) - (4x - 3)(2x)}{(x^2 + 2)^2} = \dfrac{4x^2 + 8 - 8x^2 + 6x}{(x^2 + 2)^2}$

$\qquad = \dfrac{-4x^2 + 6x + 8}{(x^2 + 2)^2}$

(3) $y' = 2\left(x - \dfrac{1}{x}\right) + (2x + 1)\left(1 + \dfrac{1}{x^2}\right) = 2x - \dfrac{2}{x} + 2x + \dfrac{2}{x} + 1 + \dfrac{1}{x^2}$

$\qquad = 4x + 1 + \dfrac{1}{x^2}$

または，$y = 2x^2 + x - 2 - \dfrac{1}{x}$ より，$y' = 4x + 1 + \dfrac{1}{x^2}$

16.4 合成関数の微分

$y = f(u), \ u = g(x)$ のとき，

$$\dfrac{dy}{dx} = \dfrac{dy}{du}\dfrac{du}{dx} = f'(u)g'(x) \tag{16.11}$$

例 16.3　$y = \sqrt[3]{ax+b}$ の微分を求める.

$ax + b = u$ とおくと, $y = \sqrt[3]{u}$

$$y' = \frac{dy}{du}\frac{du}{dx} = \frac{1}{3}u^{-\frac{2}{3}}a = \frac{a}{3}\frac{1}{\sqrt[3]{(ax+b)^2}}$$

別解　$y = (ax+b)^{\frac{1}{3}}$ より,

$$y' = \frac{1}{3}(ax+b)^{\frac{1}{3}-1} \cdot \frac{d(ax+b)}{dx}$$

$$= \frac{a}{3}(ax+b)^{-\frac{2}{3}} = \frac{a}{3}\frac{1}{\sqrt[3]{(ax+b)^2}}$$

16.5　媒介変数表示の関数の微分

$x = f(t), y = g(t)$ のとき,

$$\frac{dy}{dx} = \frac{dy/dt}{dx/dt} = \frac{g'(t)}{f'(t)} = \frac{y'}{x'} \tag{16.12}$$

例 16.4　$x = v_0 t, y = \frac{1}{2}at^2$ のとき, $\frac{dy}{dx}$ を求める.

$$\frac{dy}{dx} = \frac{dy/dt}{dx/dt} = \frac{at}{v_0} = \frac{ax}{v_0{}^2}$$

16.6　逆関数の微分

$y = f(x)$ の逆関数を $x = g(y)$ とすると,

$$\frac{dy}{dx} = f'(x) = \frac{1}{dx/dy} = \frac{1}{g'(y)} \tag{16.13}$$

例題 16.2　$y = \sin^{-1} x$ の微分を求めよ. なお, $(\sin x)' = \cos x$ である.

解　$x = \sin y$ であるから,

$$\frac{dy}{dx} = \frac{1}{dx/dy} = \frac{1}{\cos y} = \frac{1}{\pm\sqrt{1-\sin^2 y}} = \frac{\pm 1}{\sqrt{1-x^2}}$$

◆**注**◆　y が第1と第4象限のとき +で, 第2と第3象限のとき − となる.

16.7　主な関数の微分

① $(K)' = 0$　(K：定数)

② $(x^r)' = rx^{r-1}$　(r：有理数)

③ $(\sin ax)' = a\cos ax$

④ $(\cos ax)' = -a \sin ax$

⑤ $(\tan ax)' = \dfrac{a}{\cos^2 ax}$

⑥ $(\log |x|)' = \dfrac{1}{x}$

⑦ $(\log_a |x|)' = \dfrac{1}{x \log a}$

⑧ $(\log |f(x)|)' = \dfrac{f'(x)}{f(x)}$

⑨ $(e^x)' = e^x$

⑩ $(a^x)' = a^x \log a \quad (a > 0,\ a \neq 1)$

⑪ $(e^{\pm ax})' = \pm a e^{\pm ax} \quad (a：定数)\quad [複号同順]$

⑫ $(\sin^{-1} x)' = \dfrac{\pm 1}{\sqrt{1 - x^2}} \quad$ (例題 16.2 参照)

◆注◆ $\sin^{-1} x$ が第 1 と第 4 象限のとき $+$，第 2 と第 3 象限のとき $-$ となる．

⑬ $(\cos^{-1} x)' = \dfrac{\mp 1}{\sqrt{1 - x^2}}$

◆注◆ $\cos^{-1} x$ が第 1 と第 2 象限のとき $-$，第 3 と第 4 象限のとき $+$ となる．

⑭ $(\tan^{-1} x)' = \dfrac{1}{1 + x^2}$

⑮ $(\sinh ax)' = a \cosh ax$

⑯ $(\cosh ax)' = a \sinh ax$

例題 16.3 上記の③，⑦，⑩，⑯を証明せよ．

解 ③ $\displaystyle (\sin ax)' = \lim_{h \to 0} \frac{\sin\{a(x+h)\} - \sin ax}{h}$

$\displaystyle = \lim_{h \to 0} \frac{2 \sin \dfrac{ah}{2} \cos \left(ax + \dfrac{ah}{2}\right)}{h} \quad$ (8.4 節参照)

$\displaystyle = \lim_{h \to 0} \frac{\sin \dfrac{ah}{2}}{\dfrac{1}{a} \cdot \dfrac{ah}{2}} \cos \left(ax + \dfrac{ah}{2}\right) = a \cos ax \quad$ (15.4 節参照)

⑦ $x > 0$ のとき，$f(x) = \log_a x$ とおくと，

$\displaystyle f'(x) = \lim_{h \to 0} \frac{\log_a (x+h) - \log_a x}{h} = \lim_{h \to 0} \frac{1}{h} \log_a \frac{x+h}{x}$

$\displaystyle = \lim_{h \to 0} \left\{ \frac{1}{x} \frac{x}{h} \log_a \left(1 + \frac{h}{x}\right) \right\}$

$\displaystyle = \frac{1}{x} \lim_{h \to 0} \left\{ \log_a \left(1 + \frac{h}{x}\right)^{\frac{x}{h}} \right\} = \frac{1}{x} \log_a e \quad$ (15.4 節，式 (15.4) 参照)

$x < 0$ のとき，$x = -u\ (u > 0)$ とおくと，

$$\frac{d}{dx}\log_a |x| = \frac{d}{dx}\log_a u = \frac{d}{du}\log_a u \cdot \frac{du}{dx} = \frac{1}{u}\log_a e \times (-1) = \frac{1}{x}\log_a e$$

したがって，$(\log_a |x|)' = \dfrac{1}{x}\log_a e$

$a = e$ のとき $(\log |x|)' = \dfrac{1}{x}$ となる．

⑩ $y = a^x$ とおくと，$\log y = x \log a$

両辺を x で微分すると，

$$\frac{d}{dy}(\log y) \cdot \frac{dy}{dx} = \log a, \qquad \frac{1}{y}\frac{dy}{dx} = \log a, \qquad \therefore \quad \frac{dy}{dx} = y \log a = a^x \log a$$

もし $a = e$ ならば，$(e^x)' = e^x$ となる．

⑯ $(\sinh ax)' = \left(\dfrac{e^{ax} - e^{-ax}}{2}\right)' = \left(\dfrac{ae^{ax} + ae^{-ax}}{2}\right)$
$\qquad\qquad = a \cosh ax$ （11.1 節参照）

16.8　高次導関数

(1)　第 2 次導関数

$y = f(x)$ の導関数 $y' = f'(x)$ をさらに x で微分したものを $f(x)$ の第 2 次導関数といい，次のように表す．

$$f''(x), \quad y'', \quad \frac{d^2 y}{dx^2}, \quad \frac{d^2}{dx^2}f(x)$$

(2)　第 n 次導関数

$y = f(x)$ を n 回微分して得られる関数を $f(x)$ の第 n 次導関数といい，次のように表す．

$$f^{(n)}(x), \quad y^{(n)}, \quad \frac{d^n y}{dx^n}, \quad \frac{d^n}{dx^n}f(x)$$

例 16.5　$y = x^n$　（n は自然数）の第 i 次 $(i \leq n)$ 導関数を求める．
$y' = nx^{n-1}, \quad y'' = n(n-1)x^{n-2}, \quad \cdots,$
$y^{(i)} = n(n-1)(n-2)\cdots\{n-(i-1)\}x^{n-i}$

例 16.6　$y = \sin x$ の第 n 次導関数を求める．
$y' = \cos x = \sin\left(x + \dfrac{\pi}{2}\right)$
$y'' = -\sin x = \sin\left(x + \dfrac{2\pi}{2}\right)$
$\qquad \vdots$

$$y^{(n)} = \sin\left(x + \frac{n\pi}{2}\right)$$

例 16.7　$y = e^{\alpha x}$ の第 n 次導関数を求める．
$$y' = \alpha e^{\alpha x}, \quad y'' = \alpha^2 e^{\alpha x}, \quad \ldots\ldots, \quad y^{(n)} = \alpha^n e^{\alpha x}$$

●● 演習問題 [16] ●●

16.1 導関数を求める定義式 (16.3) を用いて，次の関数の導関数を求めよ．

(1) $y = x^3$ 　　(2) $y = \sqrt{3x+2}$ 　　(3) $y = \dfrac{1}{x}$

(4) $y = x^{\frac{1}{3}}$ 　　(5) $y = \sin x$ 　　(6) $y = \dfrac{1}{3x+2}$

(7) $y = \dfrac{1}{x^2}$ 　　(8) $y = \tan x$ 　　(9) $y = \log_a x$

16.2 微分の公式を用いて，次の関数の導関数を求めよ．

(1) $y = 4x - 2 + \dfrac{3}{x}$ 　　(2) $y = (2x-3)^4$

(3) $y = 2\sqrt{x} - \dfrac{3}{\sqrt{x}}$ 　　(4) $y = 3x^2 - x + \dfrac{1}{x^3}$

(5) $y = x + \sqrt{x^2+1}$ 　　(6) $y = x\sqrt{1-x^2}$

(7) $y = (a-bx)^n$ 　　(8) $y = (a-bx)^3 (c+dx)^{-2}$

(9) $y = \dfrac{1}{\sqrt{a^2-x^2}}$ 　　(10) $y = \tan x$

(11) $y = \sin^3 x$ 　　(12) $y = x \cos x$

(13) $y = \sin x \cos x$ 　　(14) $y = \sin^2 x \cos x$

16.3 媒介変数 t を用いた次の関数において，$\dfrac{dy}{dx}$ を求めよ．

(1) $x = a\cos t,\ y = b\sin t$ 　　(2) $x = \dfrac{1}{1+t},\ y = \dfrac{t}{1+t}$

(3) $x = at + b,\ y = at^3$ 　　(4) $x = \dfrac{1-t}{1+t},\ y = \dfrac{2}{1-t}$

(5) $x = at - b\sin t,\ y = a - b\cos t$

16.4 次の関数を微分せよ．

(1) $y = \cos^{-1} x$ 　　(2) $y = \sin^{-1} 3x$ 　　(3) $y = \tan^{-1}(2-3x)$

(4) $y = \log(ax+b)$ 　　(5) $y = (\log x)^4$ 　　(6) $y = \sqrt{\dfrac{x+1}{x-1}}$

(7) $y = \log(x^3 - 2x + 3)$ 　　(8) $y = \log(x + \sqrt{x^2+4^2})$

(9) $y = \log \dfrac{\sqrt{x^2+1}+x}{\sqrt{x^2+1}-x}$ 　　(10) $y = x^3 e^x$

(11) $y = e^{3x-1}$　　　　　　　　(12) $y = \dfrac{e^{ax} + e^{-ax}}{2}$

(13) $y = x^2 e^{-3x}$　　　　　　　(14) $y = x^x$

(15) $y = (\log x)^x$　　　　　　　(16) $y = \tanh x$

(17) $y = \sinh^4 x$　　　　　　　(18) $y = \sin x \sinh x$

(19) $y = \dfrac{3}{x(1-x^3)}$　　　　　　(20) $y = \dfrac{x}{\sqrt{a^2 - x^2}}$

(21) $y = \dfrac{1 + \sin 2x}{1 - \sin 2x}$　　　　　(22) $y = x \log x$

(23) $y = \log(\sqrt{x} + \sqrt{x+1})$　　(24) $y = \log \dfrac{1 + \sqrt{x^2 + 1}}{x}$

(25) $y = e^{\sin x}$　　　　　　　(26) $y = e^{ax} \sin bx$

(27) $y = e^{-x}(\sin ax + \cos bx)$

16.5 次の式について，第 1 次，第 2 次，第 3 次導関数を求めよ．

(1) $y = x^4$　　　　(2) $y = x^2(x-1)$　　　(3) $y = (2x+1)^{-1}$

(4) $y = (x^2+1)^{-\frac{1}{2}}$　(5) $y = \sin^2 x$　　　　(6) $y = xe^{-x}$

(7) $y = x^3 e^x$　　　(8) $y = x^2 \log x$　　　(9) $y = x \cos x$

(10) $y = \sin x + \cos x$

16.6 次の式の n 次導関数 $y^{(n)}$ を求めよ．

(1) $y = 3^x$　　(2) $y = e^{ax}$　　(3) $y = x^n$　　(4) $y = \cos x$

(5) $y = \log x$　　(6) $y = \cos^2 x$　　(7) $y = e^x \sin x$

16.7 $x = a(t - \sin t)$, $y = a(1 - \cos t)$ のとき，$\dfrac{d^2 y}{dx^2}$ を求めよ．

16.8 x, y がそれぞれ t の関数で表されているとき，次の式を証明せよ．

$$\dfrac{d^2 y}{dx^2} = \dfrac{\dfrac{d^2 y}{dt^2} \cdot \dfrac{dx}{dt} - \dfrac{d^2 x}{dt^2} \cdot \dfrac{dy}{dt}}{\left(\dfrac{dx}{dt}\right)^3}$$

16.9 θ を媒介変数として表したトロコイド曲線の式の $\dfrac{d^2 y}{dx^2}$ を求めよ．

$$x = a\theta - b\sin\theta, \quad y = a - b\cos\theta$$

第17章

微分の応用(その1)

17.1　平均値の定理

関数 $f(x)$ が $a \leq x \leq b$ で連続で，$a < x < b$ で微分可能のとき，

$$\frac{f(b) - f(a)}{b - a} = f'(c) \quad (a < c < b) \tag{17.1}$$

となる c が存在する (図 17.1 参照).

ここで，$b = a + h$ とおくと，

$$f(a + h) = f(a) + hf'(c) \quad (a < c < a + h) \tag{17.2}$$

となり，さらに，$\dfrac{c - a}{h} = \theta$ とおくと，次のように表すことができる．

$$f(a + h) = f(a) + hf'(a + \theta h) \quad (0 < \theta < 1) \tag{17.3}$$

この関係を平均値の定理といい，極めて重要であり，これを応用して以下に示す多くの点が明らかとなっている．

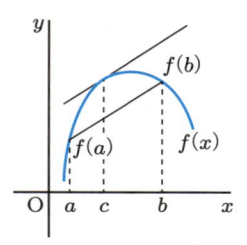

図 17.1　平均値の定理

17.2　ロル(Rolle)の定理

関数 $f(x)$ が $a \leq x \leq b$ で連続で，$a < x < b$ で微分可能のとき，$f(a) = f(b)$ であるならば，次式を満足する c が存在する．

$$f'(c) = 0 \quad (a < c < b) \tag{17.4}$$

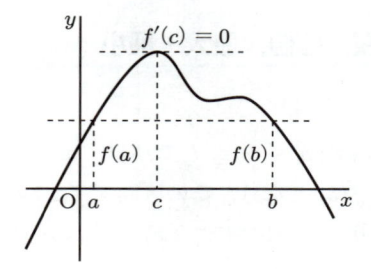

図 17.2　ロルの定理

17.3　接線・法線の方程式

微分の定義 (16.1 節) から，$y=f(x)$ 上の点 $(x_1,\ y_1)$ における接線と法線の方程式は，次のようになる (図 17.3 参照)．

① **接線の方程式**：$y-y_1=f'(x_1)(x-x_1)$ \hfill (17.5)

② **法線の方程式**：$y-y_1=-\dfrac{1}{f'(x_1)}(x-x_1)$　　(12.2 節参照) \hfill (17.6)

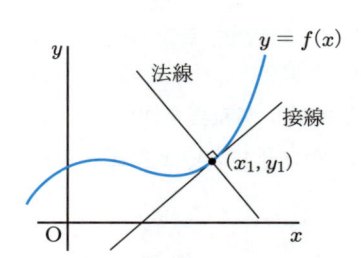

図 17.3　接線と法線

例 17.1　$y=\log x$ の点 $(e,\ 1)$ における接線と法線の方程式を求める．

$f(x)=\log x$ とおくと，$f'(x)=\dfrac{1}{x}$ であるから，$f'(e)=\dfrac{1}{e}$．

接線：$y-1=\dfrac{1}{e}(x-e)$ より，
$$y=\dfrac{x}{e}$$

法線：$y-1=-e(x-e)$ より，
$$y=-ex+e^2+1$$

17.4 関数の増減，極値，最大・最小

(1) 関数の増減

平均値の定理より，$f(x)$ が $a \leqq x \leqq b$ で連続，$a < x < b$ で微分可能のとき，$f'(x) > 0$ ならば，$f(a) < f(b)$ となり，この区間で $f(x)$ の値は増加する．$f'(x) < 0$ ならば，$f(a) > f(b)$ となり，この区間で $f(x)$ の値は減少する．

(2) 極値の判定

関数 $f(x)$ の 1 次微分 $f'(x)$ と 2 次微分 $f''(x)$ について，平均値の定理を用いると次のことがいえる．

$f''(x) > 0$ となる区間では，$f'(x)$ の値は増加し，$f(x)$ は下に凸 (上に凹) のグラフとなる．$f''(x) < 0$ となる区間では，$f'(x)$ の値は減少し，$f(x)$ は上に凸 (下に凹) のグラフとなる．

したがって，極値の判定法として，次の関係が成り立つ．

① $f'(a) = 0$ でかつ $f''(a) < 0$ $\longrightarrow$ $f(x)$ は $x = a$ で極大
　$f'(a) = 0$ でかつ $f''(a) > 0$ $\longrightarrow$ $f(x)$ は $x = a$ で極小

◆注◆ 極大は，$f(x)$ が $x < a$ で増加，$x > a$ で減少となる．
　　　極小は，逆に $x < a$ で減少，$x > a$ で増加となる．

また，極値の判定法としては，増減表を作成して調べる方法も有効である．

② $f'(x) = 0$ または $f'(x)$ が存在しない x の値 a を求め，$x = a$ の前後での $f'(x)$ の符号の変化を調べる．

(3) 最大・最小

① 閉区間で連続な関数は，その区間で最大・最小をもつ．
② 最大値・最小値を求めるときは，定義域全体について調べる，すなわち，極値と区間両端の値および不連続点について，その前後を調べる (増減表の作成がよい)．

◆注◆ 極大値・極小値がいつも最大値・最小値となるとは限らないので，問題の内容をよく吟味して判定すること．

例題 17.1 $f(x) = x + 2\cos x$ の $0 \leqq x \leqq 2\pi$ における極値および最大値・最小値を求めよ．

解 $f'(x) = 1 - 2\sin x$, $0 \leqq x \leqq 2\pi$ で $f'(x) = 0$ となる x の値は，$x = \dfrac{\pi}{6}$, $\dfrac{5}{6}\pi$ である．$f''(x) = -2\cos x$ より，

$f''\left(\dfrac{\pi}{6}\right) = -\sqrt{3} < 0$ より，$x = \dfrac{\pi}{6}$ で極大値 $f\left(\dfrac{\pi}{6}\right) = \dfrac{\pi}{6} + \sqrt{3}$ をもつ．

17.4 関数の増減，極値，最大・最小

$f''\left(\dfrac{5}{6}\pi\right) = \sqrt{3} > 0$ より，$x = \dfrac{5}{6}\pi$ で極小値 $f\left(\dfrac{5}{6}\pi\right) = \dfrac{5}{6}\pi - \sqrt{3}$ をもつ．

また，増減表を示すと次のようになる．

したがって，最大値 $f(2\pi) = 2\pi + 2$，最小値 $f\left(\dfrac{5}{6}\pi\right) = \dfrac{5}{6}\pi - \sqrt{3}$ となる．

x	0		$\dfrac{\pi}{6}$		$\dfrac{5}{6}\pi$		2π
$f'(x)$	1	$+$	0	$-$	0	$+$	1
$f(x)$	2	↗	$\dfrac{\pi}{6} + \sqrt{3} \fallingdotseq 2.26$	↘	$\dfrac{5}{6}\pi - \sqrt{3} \fallingdotseq 0.89$	↗	$2\pi + 2 \fallingdotseq 8.28$

例題 17.2 図 17.4 の回路で，R_x で消費される電力が最大となる条件と最大値を求めよ．

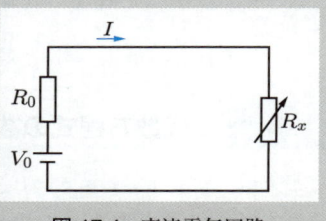

図 17.4 直流電気回路

解 回路を流れる電流 I と R_x で消費される電力 P は，次のような式となる．

$$I = \dfrac{V_0}{R_0 + R_x}, \qquad P = I^2 R_x = \dfrac{R_x}{(R_0 + R_x)^2} V_0^2$$

$$\dfrac{dP}{dR_x} = \dfrac{(R_0 + R_x)^2 - R_x \cdot 2(R_0 + R_x)}{(R_0 + R_x)^4} V_0^2 = \dfrac{R_0 - R_x}{(R_0 + R_x)^3} V_0^2$$

したがって，$R_x = R_0$ で P は極値をもつ．そこで，$R_x \geqq 0$ について増減表を作成すると次のようになる．

よって，$R_x = R_0$ のとき最大となり，P の最大値は $\dfrac{V_0^2}{4R_0}$ となる．

R_x	0		R_0		∞
$\dfrac{dP}{dR_x}$	$\dfrac{V_0^2}{R_0{}^2}$	$+$	0	$-$	0
P	0	↗	$\dfrac{V_0^2}{4R_0}$	↘	0

17.5　不定形の極限 (ロピタルの定理)

極限を適用すると不定形 (15.5 節参照) になる場合，$\frac{0}{0}$ あるいは $\frac{\infty}{\infty}$ の形に変形して，次式のように**分子と分母をそれぞれ微分してから極限を求める**ことができる．

$$\lim_{x \to a} \frac{f(x)}{g(x)} = \lim_{x \to a} \frac{f'(x)}{g'(x)} \tag{17.7}$$

なお，1 次導関数でも不定形となる場合は，順次，高次導関数をとっていくことが可能である．

例 17.2
$$\lim_{x \to 0} \frac{1 - \cos x}{x \sin x} = \lim_{x \to 0} \frac{\sin x}{\sin x + x \cos x}$$
$$= \lim_{x \to 0} \frac{\cos x}{\cos x + \cos x - x \sin x} = \frac{1}{2}$$

17.6　代数方程式の数値計算解 (ニュートン法)

たとえば，$y = x - \cos x = 0$ の解を解析的に求めるのは不可能である．そこで，数値計算を行って解を求める方法が用いられる．その代表的手法がここで述べるニュートン法である (図 17.5 参照)．

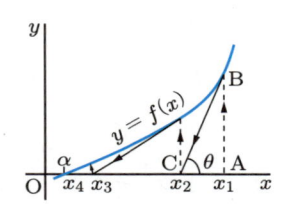

図 17.5　ニュートン法の原理

① $y = f(x) = 0$ の解を得るために，初期値 $x = x_1$ を与える．

② 図で BC は，点 B における $y = f(x)$ の接線なので，
$$f'(x_1) = \frac{\text{AB}}{\text{AC}} = \frac{f(x_1)}{x_1 - x_2}$$
$$\therefore \; x_2 = x_1 - \frac{f(x_1)}{f'(x_1)} \quad \text{ただし，} f'(x_1) \neq 0$$

③ 同様の操作を繰り返すと，
$$x_3 = x_2 - \frac{f(x_2)}{f'(x_2)} \quad \text{ただし，} f'(x_2) \neq 0$$

④ したがって，一般的に表すと，
$$x_{i+1} = x_i - \frac{f(x_i)}{f'(x_i)} \quad \text{ただし，} f'(x_i) \neq 0 \tag{17.8}$$

⑤ それゆえ，次の収束判定条件を満足するまで繰り返すと，解の近似値が得られる．

$$\text{相対誤差} \left|\frac{x_{i+1} - x_i}{x_{i+1}}\right| \leq \varepsilon \quad \text{または} \quad \text{絶対誤差} \ |x_{i+1} - x_i| \leq E$$

この方法は，一般にはやく収束するが，初期値のとり方などによっては収束しないこともある．また，解が複数ある場合には，初期値のとり方が難しくなるので注意する必要がある．

17.7　差分公式 (微分の数値解析法)

(1) 中心差分 (図 17.6(a) 参照)

$y = f(x)$ の $x = x_i$ における微分係数を求める場合，微小区間 $\Delta x = x_{i+1} - x_i = x_i - x_{i-1}$ と，$x_i + \Delta x$ および $x_i - \Delta x$ における y の値を用いて近似的に次のように表すことができる．

$$f'(x_i) \fallingdotseq \frac{f(x_{i+1}) - f(x_{i-1})}{2\Delta x} \tag{17.9}$$

この中心差分の考え方は，コンピュータで数値微分を行う場合に用いられ，次に示す前進差分や後退差分よりも小さい誤差で微分係数の近似値を求めることができる．

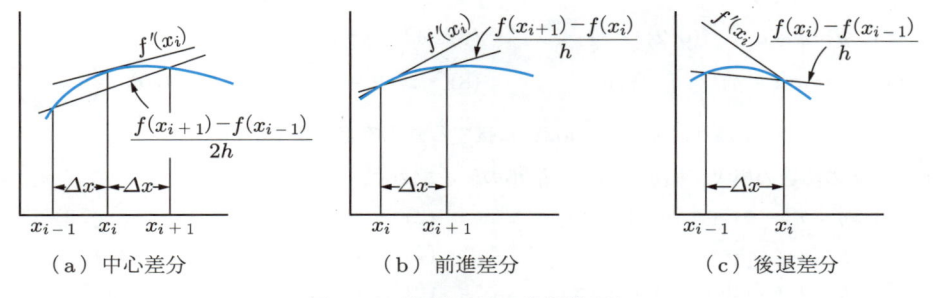

（a）中心差分　　　　（b）前進差分　　　　（c）後退差分

図 17.6　差分法による数値微分法

(2) 前進差分 (図 17.6(b) 参照)

$$f'(x_i) \fallingdotseq \frac{f(x_{i+1}) - f(x_i)}{\Delta x} \tag{17.10}$$

(3) 後退差分 (図 17.6(c) 参照)

$$f'(x_i) \fallingdotseq \frac{f(x_i) - f(x_{i-1})}{\Delta x} \tag{17.11}$$

例 17.3 $f(x) = x^2$ のとき，$\Delta x = 0.1$ として $x = 1$ における $f'(x)$ の値を上記の 3 つの方法によって求める．

① 中心差分の方法
$$f'(x_i) = \frac{f(x_{i+1}) - f(x_{i-1})}{2\Delta x} = \frac{(1.1)^2 - (0.9)^2}{2 \times 0.1} = \frac{0.4}{0.2} = 2$$

② 前進差分の方法
$$f'(x_i) = \frac{f(x_{i+1}) - f(x_i)}{\Delta x} = \frac{(1.1)^2 - 1^2}{0.1} = \frac{0.21}{0.1} = 2.1$$

③ 後退差分の方法
$$f'(x_i) = \frac{f(x_i) - f(x_{i-1})}{\Delta x} = \frac{1^2 - (0.9)^2}{0.1} = \frac{0.19}{0.1} = 1.9$$

●● 演習問題 [17] ●●

17.1 次の式において，極大値をとる x 座標を求めよ．
 (1) $y = -3x^2 + 2x - 1$ (2) $y = x^3 - 2x^2 + x - 1$

17.2 次の式において，指定された点における接線と法線の方程式を求めよ．
 (1) $y = 2x^3$ $(1, 2)$ (2) $y = -\sqrt{x-1}$ $(2, -1)$
 (3) $y = \dfrac{x}{x+2}$ $(-1, -1)$ (4) $y = 2\sin x$ $\left(\dfrac{\pi}{4}, \sqrt{2}\right)$
 (5) $y = 1 + e^{-\frac{x}{2}}$ $(0, 2)$ (6) $x^2 + y^2 = 5$ $(1, 2)$
 (7) $y = a(x-p)^2 + q$ (p, q) (8) $x = \theta - \sin\theta,\ y = 1 - \cos\theta$ $\left(\theta = \dfrac{\pi}{2}\right)$

17.3 点 $(0, -2)$ を通り，曲線 $y = \log x$ に接する直線の方程式を求めよ．

17.4 次の関数の極大，極小，最大，最小の値を求めよ．
 (1) $y = x^3 - 6x + 1$ $(-1 \leqq x \leqq 2)$ (2) $y = \sqrt{4 - x^2} + x$ $(-2 \leqq x \leqq 2)$
 (3) $y = x\sqrt{2x - x^2}$ (4) $y = e^{-x}\sin x$ $(0 \leqq x \leqq 2\pi)$
 (5) $y = x + 2\sin x$ $(0 \leqq x \leqq \pi)$ (6) $y = \sin x + \cos x$ $(-\pi \leqq x \leqq \pi)$
 (7) $y = \sqrt{3}x - \sin 2x$ $\left(-\dfrac{\pi}{2} \leqq x \leqq \dfrac{\pi}{2}\right)$ (8) $y = 8^{2x} - 8^x$ $(x \leqq 0)$
 (9) $y = x^4 - \dfrac{2}{3}x^3$ $(-1 \leqq x \leqq 2)$ (10) $y = \sin x(1 + \cos x)$ $(0 \leqq x \leqq 2\pi)$

17.5 ロピタルの定理を用いて，次の極限値を求めよ．
 (1) $\lim\limits_{x \to 0} \dfrac{\sin 2x}{x}$ (2) $\lim\limits_{x \to 0} \dfrac{\tan x - \sin x}{x - \sin x}$ (3) $\lim\limits_{x \to 0} \dfrac{1 - \cos x}{x^2}$
 (4) $\lim\limits_{x \to 0} \dfrac{x - \sin x}{x^3}$ (5) $\lim\limits_{x \to 0} \dfrac{e^x - 1}{\log(1 + x)}$ (6) $\lim\limits_{x \to 1} \left(\dfrac{1}{x - 1} - \dfrac{1}{\log x}\right)$
 (7) $\lim\limits_{x \to \infty} \dfrac{e^x}{x^2}$ (8) $\lim\limits_{x \to a} \dfrac{x - a}{x^n - a^n}$ (9) $\lim\limits_{x \to 2\pi} \dfrac{\sin x}{x^2 - 4\pi^2}$
 (10) $\lim\limits_{x \to 0} \dfrac{a^x - b^x}{x}$ (11) $\lim\limits_{x \to 0} \dfrac{\tan x - x}{\sin^3 x}$ (12) $\lim\limits_{x \to 0} \dfrac{x - \sin^{-1} x}{x^3}$

17.6 $y = x^3$ の $x = 1$ における微分係数を，$\Delta x = 0.01$ として，中心差分，前進差分および後退差分について求めよ．

17.7 問図 17.1 の R-L 直列回路に，電流 $i = I_m \sin(\omega t + \theta)$ が流れたときの ab 間の電圧 v_{ab} を求めよ．ただし，L の両端電圧は $L\dfrac{di}{dt}$ となる．

17.8 問図 17.2 において，電圧 V，抵抗 R および r は一定とする．可変抵抗 R の比を変えて電流 I_2 を最小にする R_2 の条件を求めよ．

17.9 17.2 節で述べたロルの定理 (式 (17.4)) を証明せよ．

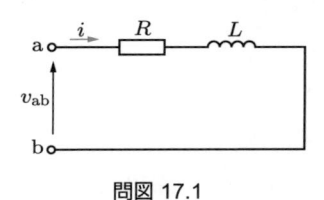

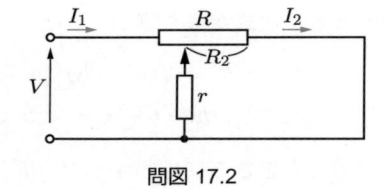

問図 17.1

問図 17.2

第18章

微分の応用（その2）

18.1　テイラー (Taylor) の定理 (関数の近似式)

平均値の定理 (17.1 節参照) より，$f(x)$ が $a \leq x \leq b$ で連続で，$a < x < b$ で微分可能のとき，次式が成り立つ．

$$f(a+h) = f(a) + hf'(a+\theta h) \tag{18.1}$$

ただし，$h = b - a$, $0 < \theta < 1$

この考え方をさらに拡張すると，$f'(x)$ が $a < x < b$ で微分可能のとき，

$$f(a+h) = f(a) + (b-a)f'(a) + \frac{1}{2}h^2 f''(a+\theta h) \tag{18.2}$$

となる．この式が成り立つことを以下に証明する．

証明　$f(b) = f(a) + (b-a)f'(a) + k(b-a)^2$

が成り立つような定数 k を定め，

$$g(x) = f(b) - f(x) - (b-x)f'(x) - k(b-x)^2$$

とおくと，

$$g(a) = g(b) = 0$$

よって，ロルの定理 (17.2 節参照) より，

$$g'(c) = 0, \quad a < c < b$$

を満足するような c が存在する．また，

$$\begin{aligned} g'(x) &= -f'(x) + f'(x) - (b-x)f''(x) + 2k(b-x) \\ &= -(b-x)f''(x) + 2k(b-x) \end{aligned}$$

したがって，

$$g'(c) = -(b-c)f''(c) + 2k(b-c) = 0$$

$$\therefore \; k = \frac{1}{2}f''(c)$$

以上の結果より，次の関係式を得る．

$$f(b) = f(a) + (b-a)f'(a) + \frac{1}{2}(b-a)^2 f''(c)$$

ここで，$b = a + h$, $c = a + \theta h$ とおくと，式 (18.2) が得られる．

ところで，この証明の過程を n 回繰り返すと，関数 $f(x)$ が $a < x < b$ で $(n+1)$ 回まで微分可能であるなら，

$$f(a+h) = f(a) + hf'(a) + \frac{h^2}{2!}f''(a) + \cdots$$
$$+ \frac{h^n}{n!}f^{(n)}(a) + \frac{h^{n+1}}{(n+1)!}f^{(n+1)}(a+\theta h) \tag{18.3}$$

という関係が成り立つような c が存在する．

したがって，$f(x)$ が a を含むある開区間で $(n+1)$ 回まで微分可能であるとき，この区間内の任意の x に対して，a と x の間にある適当な c をとれば，

$$f(x) = f(a) + (x-a)f'(a) + \frac{(x-a)^2}{2!}f''(a) + \cdots$$
$$+ \frac{(x-a)^n}{n!}f^{(n)}(a) + \frac{(x-a)^{n+1}}{(n+1)!}f^{(n+1)}(c) \tag{18.4}$$

が成り立つ．c を式で表すと次のようになる．

$$c = a + \theta(x-a) \quad (0 < \theta < 1) \tag{18.5}$$

この無限級数式をテイラーの定理またはテイラー展開式とよんでいる．

18.2　マクローリン (Maclaurin) の定理

テイラー展開式で，とくに $a=0$ の場合に相当する式，

$$f(x) = f(0) + xf'(0) + \frac{x^2}{2!}f''(0) + \cdots$$
$$+ \frac{x^n}{n!}f^{(n)}(0) + \frac{x^{n+1}}{(n+1)!}f^{(n+1)}(\theta x) \tag{18.6}$$

をマクローリンの定理といい，関数の級数展開式として，よく使用される．

このマクローリンの定理で，第 $(n+1)$ 項の $\dfrac{x^{n+1}}{(n+1)!}f^{(n+1)}(\theta x)$ は誤差に相当するものであり，この値を剰余項とよんでいる．この値が 0 に収束する場合は，関数を無限級数に展開することができる．

例 18.1　$f(x) = e^x$ の無限級数展開式を求める．
$$f'(x) = f''(x) = \cdots = f^{(n)}(x) = e^x \text{ より，}$$
$$f'(0) = f''(0) = \cdots = f^{(n)}(0) = 1$$

マクローリンの展開式より，

$$e^x = 1 + x + \frac{x^2}{2!} + \frac{x^3}{3!} + \cdots + \frac{x^n}{n!} + \cdots \tag{18.7}$$

例 18.2 $f(x) = \sin x$ の無限級数展開式を求める．
$$f'(x) = \cos x \qquad f''(x) = -\sin x$$
$$f^{(3)}(x) = -\cos x \qquad f^{(4)}(x) = \sin x$$
これより，$n = 2m$ (偶数) のとき，$f^{(2m)}(0) = 0$
$n = 2m + 1$ (奇数) のとき，$f^{(2m+1)}(0) = (-1)^m$
したがって，マクローリンの展開式は次のようになる．
$$\sin x = x - \frac{x^3}{3!} + \frac{x^5}{5!} - \frac{x^7}{7!} + \cdots + \frac{(-1)^m x^{2m+1}}{(2m+1)!} + \cdots \tag{18.8}$$

例 18.3 $f(x) = \cos x$ の無限級数展開式を求める．
$$f'(x) = -\sin x \qquad f''(x) = -\cos x$$
$$f^{(3)}(x) = \sin x \qquad f^{(4)}(x) = \cos x$$
これより $n = 2m$ (偶数のとき)，$f^{(2m)}(0) = (-1)^m$
$n = 2m + 1$ (奇数) のとき，$f^{(2m+1)}(0) = 0$
$$\cos x = 1 - \frac{x^2}{2!} + \frac{x^4}{4!} - \cdots + \frac{(-1)^m x^{2m}}{(2m)!} + \cdots \tag{18.9}$$

例 18.4 $f(x) = \log(1 + x)$ の無限級数展開式を求める．ただし，$-1 < x \leq 1$．
$$f'(x) = \frac{1}{1+x} \qquad f''(x) = \frac{-1}{(1+x)^2}$$
$$f^{(3)}(x) = \frac{2!}{(1+x)^3} \qquad \cdots \qquad f^{(n)}(x) = \frac{(-1)^{n-1}(n-1)!}{(1+x)^n}$$
$$f(0) = \log 1 = 0 \qquad f'(0) = 1 \qquad f''(0) = -1$$
$$f^{(3)}(0) = 2! \qquad \cdots \qquad f^{(n)}(0) = (-1)^{n-1}(n-1)!$$
$$\log(1+x) = x - \frac{x^2}{2} + \frac{x^3}{3} - \cdots + (-1)^{n-1}\frac{x^n}{n} + \cdots \tag{18.10}$$

例 18.5 $f(x) = (a + x)^k$ の無限級数展開式を求める．ただし，$|x| < |a|$．
$$f'(x) = k(a+x)^{k-1} \qquad f''(x) = k(k-1)(a+x)^{k-2}$$
$$\vdots$$
$$f^{(n)}(x) = k(k-1)\cdots(k-n+1)(a+x)^{k-n}$$
$$f'(0) = ka^{k-1} \qquad f''(0) = k(k-1)a^{k-2}$$
$$\vdots$$
$$f^{(n)}(0) = k(k-1)\cdots(k-n+1)a^{k-n}$$
$$(a+x)^k = a^k + ka^{k-1}x + \frac{k(k-1)}{2!}a^{k-2}x^2 + \cdots$$

$$+ \frac{k(k-1)\cdots(k-n+1)}{n!}a^{k-n}x^n + \cdots \qquad (18.11)$$

例題 18.1 $\sinh x$, $\cosh x$ の無限級数展開式を求めよ．

解 [例 18.1] の結果より，

$$e^x = 1 + x + \frac{x^2}{2!} + \cdots + \frac{x^n}{n!} + \cdots$$

$$e^{-x} = 1 - x + \frac{x^2}{2!} - \cdots + (-1)^n\frac{x^n}{n!} + \cdots$$

$$\sinh x = \frac{e^x - e^{-x}}{2} = x + \frac{x^3}{3!} + \frac{x^5}{5!} + \cdots + \frac{x^{2m+1}}{(2m+1)!} + \cdots \qquad (18.12)$$

$$\cosh x = \frac{e^x + e^{-x}}{2} = 1 + \frac{x^2}{2!} + \frac{x^4}{4!} + \cdots + \frac{x^{2m}}{(2m)!} + \cdots \qquad (18.13)$$

18.3　オイラー (Euler) の公式

前節の式 (18.7) で示した e^x のマクローリン展開は，x があらゆる実数について成立する．いま，e^x の無限級数展開式の x を複素数 $j\theta$ でおき換えた式は，

$$\begin{aligned} e^{j\theta} &= 1 + j\theta + \frac{(j\theta)^2}{2!} + \frac{(j\theta)^3}{3!} + \frac{(j\theta)^4}{4!} + \cdots \\ &= 1 - \frac{\theta^2}{2!} + \frac{\theta^4}{4!} - \cdots + j\left(\theta - \frac{\theta^3}{3!} + \frac{\theta^5}{5!} - \cdots\right) \end{aligned} \qquad (18.14)$$

となるので，この実数部と虚数部にそれぞれ式 (18.8) と式 (18.9) を適用すると次式が得られる．これをオイラーの公式という．

$$e^{j\theta} = \cos\theta + j\sin\theta \qquad (18.15)$$

指数計算では $(e^{j\theta})^n = e^{jn\theta}$ と表せるが，これをオイラーの公式に適用した次式を，ド・モアブル (de Moivre) の定理とよんでいる (3.7 節参照)．

$$(\cos\theta + j\sin\theta)^n = \cos n\theta + j\sin n\theta \qquad (18.16)$$

例題 18.2 x, y を実数としたとき，次の関係式が成り立つことを示せ．

$$\sin(jx) = j\sinh x \qquad \cos(jx) = \cosh x$$

$$\sin(x \pm jy) = \sin x \cosh y \pm j\cos x \sinh y \quad \text{[複号同順]}$$

解 オイラーの公式より，$\sin x = \dfrac{e^{jx} - e^{-jx}}{2j}$，$\cos x = \dfrac{e^{jx} + e^{-jx}}{2}$ なので，

$$\sin(jx) = \frac{e^{j(jx)} - e^{-j(jx)}}{2j} = \frac{e^{-x} - e^x}{2j} = j\frac{e^x - e^{-x}}{2} = j\sinh x$$

$$\cos(jx) = \frac{e^{j(jx)} + e^{-j(jx)}}{2} = \frac{e^{-x} + e^{x}}{2} = \frac{e^{x} + e^{-x}}{2} = \cosh x$$

$$\sin x \cosh y \pm j \cos x \sinh y$$

$$= \frac{e^{jx} - e^{-jx}}{2j} \frac{e^{y} + e^{-y}}{2} \pm j \frac{e^{jx} + e^{-jx}}{2} \frac{e^{y} - e^{-y}}{2}$$

$$= \frac{1}{4j}\{e^{jx+y} - e^{-jx+y} + e^{jx-y} - e^{-jx-y}$$

$$\mp (e^{jx+y} + e^{-jx+y} - e^{jx-y} - e^{-jx-y})\}$$

$$= \frac{1}{2j}(-e^{-jx\pm y} + e^{jx \mp y}) = \frac{e^{j(x\pm jy)} - e^{-j(x\pm jy)}}{2j}$$

$$= \sin(x \pm jy) \quad \text{[複号同順]}$$

18.4　テイラー展開による近似計算

テイラー級数展開式を用いると，条件によってはかなり容易に近似計算値を求めることができる．

例 18.6　$\sqrt{101}$ の近似計算値を求める．

テイラー展開式で，$f(x) = \sqrt{x}$ とすると，

$$f'(x) = \frac{1}{2}x^{-\frac{1}{2}}, \qquad f''(x) = -\frac{1}{4}x^{-\frac{3}{2}}$$

となるので，$\sqrt{101} = \sqrt{100}\sqrt{1 + 0.01} = 10(1 + 0.01)^{\frac{1}{2}}$ となり，

$$\sqrt{101} = 10\left\{1 + 0.01 \times \frac{1}{2} + \frac{(0.01)^2}{2} \times \left(-\frac{1}{4}\right) + \cdots\cdots\right\}$$

$$= 10(1 + 0.005 - 0.0000125 + \cdots\cdots)$$

$$\fallingdotseq 10.05 - 0.000125 = 10.049875$$

したがって，第 2 項まで求めた 10.05 で非常によい近似値が得られている．すなわち，テイラー展開式で，$x - a$ が非常に小さい場合には，近似計算が有効であることがわかる．

演習問題 [18]

18.1　マクローリンの定理を用いて，次の関数の無限級数展開式を求めよ．

(1) $\dfrac{1}{1-x}$　$(|x| < 1)$　　(2) $\log(1 - 3x)$　$\left(|x| < \dfrac{1}{3}\right)$　　(3) a^x　$(a > 0)$

(4) $\sin 3x$　　(5) $\dfrac{1}{1+x^2}$　$(|x| < 1)$

18.2　次の関数を展開して，x^3 の項まで求めよ（$|x| < 1$ とする）．

(1) e^x (2) $\tan x$ (3) $e^x \sin x$

(4) $\log \dfrac{1+x}{1-x}$ (5) $\dfrac{x-1}{x+1}$ (6) $e^x \log(1+x)$

(7) $\mathrm{Tan}^{-1} x$ (8) $\sqrt{1-x+x^2}$

18.3 次の関数を展開して x^5 の項まで求めよ．

(1) $y = e^{-x} \sin x$ (2) $y = \mathrm{Sin}^{-1} x$

18.4 次の値をテイラー級数の第 2 項までの近似値で求めよ．

(1) 10.1^3 (2) $\sqrt{3.992}$ (3) $e^{0.05}$

(4) $\log 1.01$ (5) $\sqrt[3]{998}$ (6) $\sqrt[3]{730}$

(7) $\left(1 - \dfrac{1}{50}\right)^{-\frac{1}{2}}$ (8) $\cos 15°$ (9) $\sin 1°$

◆**注**◆ (8) と (9) は，度表示を rad 表示に直してから計算する．

18.5 $f(x) = \mathrm{Sin}^{-1} x$ について，5 次の微分係数まで求めて級数展開せよ．また，$x = \dfrac{1}{2}$ としたときの $f(x)$ の近似値を計算し，$\dfrac{\pi}{6}$ に近いことを確かめよ．

18.6 次の関数の微分係数を，微小区間を h として $x = x_1$ の点で中心差分を求めると，真の微分係数に対してどのようになるか．h を用いた式で表せ．

(1) $f(x) = x^3$ (2) $f(x) = \sin x$

18.7 $|h|$ が小さいとき，次の近似式が成立することを証明せよ．

(1) $\log(x+h) \fallingdotseq \log x + \dfrac{h}{x}$ (2) $\sin(x+h) \fallingdotseq \sin x + h \cos x$

18.8 インピーダンス $\dot{Z}$ とアドミタンス $\dot{Y}$ が次のように表されるとき，ド・モアブルの定理を用いて $\dot{Z}_0 = \sqrt{\dfrac{\dot{Z}}{\dot{Y}}}$ と $\dot{\gamma} = \sqrt{\dot{Z}\dot{Y}}$ の値を求めよ．

(1) $\dot{Z} = 50(\cos 60° + j \sin 60°)$ [Ω] $\dot{Y} = 2(\cos 30° - j \sin 30°)$ [S]

(2) $\dot{Z} = 4 + j3$ [Ω] $\dot{Y} = 0.04 - j0.03$ [S]

第19章

偏微分とその応用

19.1　偏微分の定義

2つの独立した変数 x, y によって表される関数 $z = f(x, y)$ については，x に関する微分と y に関する微分の2つが存在する．そこで，両者を区別して，

x に関する微分：
$$\frac{\partial z}{\partial x} = \frac{\partial}{\partial x} f(x, y) = f_x(x, y) = \lim_{h \to 0} \frac{f(x+h, y) - f(x, y)}{h} \tag{19.1}$$

y に関する微分：
$$\frac{\partial z}{\partial y} = \frac{\partial}{\partial y} f(x, y) = f_y(x, y) = \lim_{h \to 0} \frac{f(x, y+h) - f(x, y)}{h} \tag{19.2}$$

と表す．このように，2つ以上の独立変数の関数を各変数で微分することを偏微分という．

実際の偏微分の計算は，たとえば $\frac{\partial z}{\partial x}$ を計算するときは，関数 z の中に含まれている x 以外の変数は定数とみなして x で微分すればよい．

例 19.1　$z = x^m y^n$ の偏微分を求める．
$$\frac{\partial z}{\partial x} = m x^{m-1} y^n, \qquad \frac{\partial z}{\partial y} = n x^m y^{n-1}$$

19.2　多変数の合成関数の微分

z が x, y の関数 $z = F(x, y)$ で，x, y が変数 t の関数 $x = f(t)$, $y = g(t)$ とする．z は t の関数となるので，微分 $\frac{dz}{dt}$ を求める．

t を Δt だけ増したとき，x が Δx, y が Δy だけ増し，この Δx と Δy により，z が Δz だけ変化したとすると，
$$\Delta z = F_x(x, y) \Delta x + F_y(x, y) \Delta y$$
となる．この両辺を Δt で割ると，
$$\frac{\Delta z}{\Delta t} = F_x(x, y) \frac{\Delta x}{\Delta t} + F_y(x, y) \frac{\Delta y}{\Delta t}$$
したがって，$\Delta t \to 0$ とすると，次の関係式が成り立つ．
$$\frac{dz}{dt} = F_x(x, y) \frac{dx}{dt} + F_y(x, y) \frac{dy}{dt}$$

または　$\dfrac{dz}{dt} = \dfrac{\partial z}{\partial x}\dfrac{dx}{dt} + \dfrac{\partial z}{\partial y}\dfrac{dy}{dt}$ 　　　　　　　　　　　(19.3)

独立変数が 3 個の場合でもまったく同様である．すなわち，$w = F(x, y, z)$ で $x = f(t)$, $y = g(t)$, $z = h(t)$ のとき，

$$\dfrac{dw}{dt} = \dfrac{\partial w}{\partial x}\dfrac{dx}{dt} + \dfrac{\partial w}{\partial y}\dfrac{dy}{dt} + \dfrac{\partial w}{\partial z}\dfrac{dz}{dt} \tag{19.4}$$

例 19.2　$z = x^2 y^3$ で $x = \sin t$, $y = \cos t$ のとき，微分 $\dfrac{dz}{dt}$ を求める．

$$\begin{aligned}\dfrac{dz}{dt} &= \dfrac{\partial z}{\partial x}\dfrac{dx}{dt} + \dfrac{\partial z}{\partial y}\dfrac{dy}{dt} = 2xy^3 \cos t + 3x^2 y^2 (-\sin t) \\ &= 2\sin t \cos^4 t - 3\sin^3 t \cos^2 t\end{aligned}$$

19.3　陰関数の微分

$f(x, y) = 0$ で表されるとき，y が x の関数となるので，前節と同じ取り扱いをすると，次の関係が得られる．

$$\dfrac{d}{dx}f(x, y) = f_x(x, y) + f_y(x, y)\dfrac{dy}{dx} = 0$$

$$\therefore\ \dfrac{dy}{dx} = -\dfrac{f_x(x, y)}{f_y(x, y)} \quad \text{または} \quad \dfrac{dy}{dx} = -\dfrac{\dfrac{\partial f(x, y)}{\partial x}}{\dfrac{\partial f(x, y)}{\partial y}} \tag{19.5}$$

例 19.3　楕円 $\dfrac{x^2}{a^2} + \dfrac{y^2}{b^2} = 1$ 上の，点 (x, y) における接線の方向係数を求める．

$f(x, y) = \dfrac{x^2}{a^2} + \dfrac{y^2}{b^2} - 1 = 0$ とおくと，

$$\dfrac{\partial f(x, y)}{\partial x} = \dfrac{2x}{a^2}, \quad \dfrac{\partial f(x, y)}{\partial y} = \dfrac{2y}{b^2}$$

$$\dfrac{dy}{dx} = -\dfrac{\dfrac{\partial f(x, y)}{\partial x}}{\dfrac{\partial f(x, y)}{\partial y}} = -\dfrac{2x}{a^2} \cdot \dfrac{b^2}{2y} = -\dfrac{b^2 x}{a^2 y}$$

19.4　高次の偏導関数

$z = f(x, y)$ の偏導関数 $\dfrac{\partial z}{\partial x} = f_x(x, y)$, $\dfrac{\partial x}{\partial y} = f_y(x, y)$ をさらに偏微分したものを，2 次の偏導関数とよび，次のように表す．

$$\left.\begin{aligned}\frac{\partial}{\partial x}f_x(x,\ y) &= f_{xx}(x,\ y) = \frac{\partial^2}{\partial x^2}f(x,\ y) = \frac{\partial^2 z}{\partial x^2} \\ \frac{\partial}{\partial y}f_x(x,\ y) &= f_{xy}(x,\ y) = \frac{\partial^2}{\partial y \partial x}f(x,\ y) = \frac{\partial^2 z}{\partial y \partial x} \\ \frac{\partial}{\partial x}f_y(x,\ y) &= f_{yx}(x,\ y) = \frac{\partial^2}{\partial x \partial y}f(x,\ y) = \frac{\partial^2 z}{\partial x \partial y} \\ \frac{\partial}{\partial y}f_y(x,\ y) &= f_{yy}(x,\ y) = \frac{\partial^2}{\partial y^2}f(x,\ y) = \frac{\partial^2 z}{\partial y^2}\end{aligned}\right\} \quad (19.6)$$

2次の導関数をさらに偏微分することにより，3次の偏導関数を求めることもできる．すなわち，

$$f_{xxx}(x,\ y) = \frac{\partial^3 z}{\partial x^3}, \qquad f_{xxy} = \frac{\partial^3 z}{\partial y \partial x^2}, \qquad f_{yxx} = \frac{\partial^3 z}{\partial x^2 \partial y}$$

などである．

なお，偏導関数 f_{xy}, f_{yx} が連続であれば，$f_{xy}(x,\ y) = f_{yx}(x,\ y)$ という関係が成り立つ．すなわち，偏微分の順序は任意に交換できることを意味している．たとえば，

$$\frac{\partial^3 z}{\partial x \partial y \partial x} = \frac{\partial^3 z}{\partial x^2 \partial y} = \frac{\partial^3 z}{\partial y \partial x^2}$$

という関係が成り立つ．

例題 19.1 $z = \log(x^2 + y^2)$ のとき，$\dfrac{\partial^2 z}{\partial x^2} + \dfrac{\partial^2 z}{\partial y^2} = 0$ となることを示せ．

解
$$\frac{\partial z}{\partial x} = \frac{2x}{x^2 + y^2} \qquad \frac{\partial^2 z}{\partial x^2} = \frac{2(x^2 + y^2) - 2x \cdot 2x}{(x^2 + y^2)^2} = \frac{2(-x^2 + y^2)}{(x^2 + y^2)^2}$$

$$\frac{\partial z}{\partial y} = \frac{2y}{x^2 + y^2} \qquad \frac{\partial^2 z}{\partial y^2} = \frac{2(x^2 + y^2) - 2y \cdot 2y}{(x^2 + y^2)^2} = \frac{2(x^2 - y^2)}{(x^2 + y^2)^2}$$

$$\frac{\partial^2 z}{\partial x^2} + \frac{\partial^2 z}{\partial y^2} = \frac{2(-x^2 + y^2) + 2(x^2 - y^2)}{(x^2 + y^2)^2} = 0$$

19.5 最小2乗法

実験によって得られたデータの x 軸と y 軸の関係がある関数で表されるような場合，近似式は最も誤差が小さくなるように決定されなければならない．ここでは，データが理論的に直線関係である場合を例として説明する．

いま，近似式を次のようにおく．

$$y = ax + b \tag{19.7}$$

図 19.1 に示すように，実験データが n 組 $(x_1;\ y_1,\ x_2;\ y_2,\ x_3;\ y_3,\ \cdots,\ x_n;\ y_n)$ あるとすると，実験データ x_i に対するデータ y_i と直線上の点 $ax_i + b$ との差は，

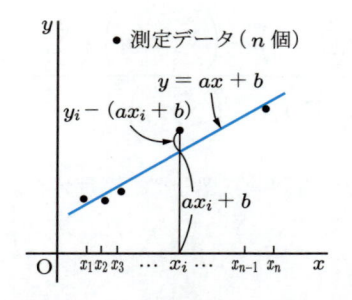

図 19.1 最小 2 乗法の原理

$$\varepsilon_i = y_i - (ax_i + b) \tag{19.8}$$

となる．

最小 2 乗法はこの ε_i の 2 乗の総和を最小にする方法で，式で表すと次式のようになる．

$$E = \sum_{i=1}^{n} (\varepsilon_i)^2 = \sum_{i=1}^{n} \{y_i - (ax_i + b)\}^2 \tag{19.9}$$

すなわち，E を a と b の関数と考えると，E を最小にする条件は次の式を満足することと同じである．

$$\frac{\partial E}{\partial a} = 0 \quad \text{および} \quad \frac{\partial E}{\partial b} = 0 \tag{19.10}$$

したがって，

$$\frac{\partial E}{\partial a} = \sum_{i=1}^{n} \{-2x_i(y_i - ax_i - b)\} \tag{19.11}$$

$$\frac{\partial E}{\partial b} = \sum_{i=1}^{n} \{-2(y_i - ax_i - b)\} \tag{19.12}$$

結局，次の連立 1 次方程式を解くことによって，1 次式の定数 a, b を決定できる．

$$\left.\begin{array}{l} \left(\sum\limits_{i=1}^{n} x_i^{\,2}\right) a + \left(\sum\limits_{i=1}^{n} x_i\right) b = \sum\limits_{i=1}^{n} (x_i y_i) \\[6pt] \left(\sum\limits_{i=1}^{n} x_i\right) a + nb = \sum\limits_{i=1}^{n} y_i \end{array}\right\} \tag{19.13}$$

すなわち，a, b を決める式は次のようになる．

$$a = \frac{n \sum\limits_{i=1}^{n} x_i y_i - \left(\sum\limits_{i=1}^{n} x_i\right)\left(\sum\limits_{i=1}^{n} y_i\right)}{n \sum\limits_{i=1}^{n} x_i^{\,2} - \left(\sum\limits_{i=1}^{n} x_i\right)^2} \tag{19.14}$$

$$b = \frac{\left(\sum_{i=1}^{n} y_i\right)\left(\sum_{i=1}^{n} x_i{}^2\right) - \left(\sum_{i=1}^{n} x_i y_i\right)\left(\sum_{i=1}^{n} x_i\right)}{n \sum_{i=1}^{n} x_i{}^2 - \left(\sum_{i=1}^{n} x_i\right)^2} \tag{19.15}$$

例題 19.2 ある超小型水力発電装置に関して，流量×有効落差 QH [(L/min)·m] と発生電力 P [W] の実験結果は次のようであった．最小 2 乗法を用いて，QH と P の関係を 1 次式で表せ．

QH [(L/min)·m]	579	880	1210	1602	1988	2424	2907	3350	3817	4392	4863
P [W]	3.72	31.3	55.2	91.1	122	157	186	218	246	282	311

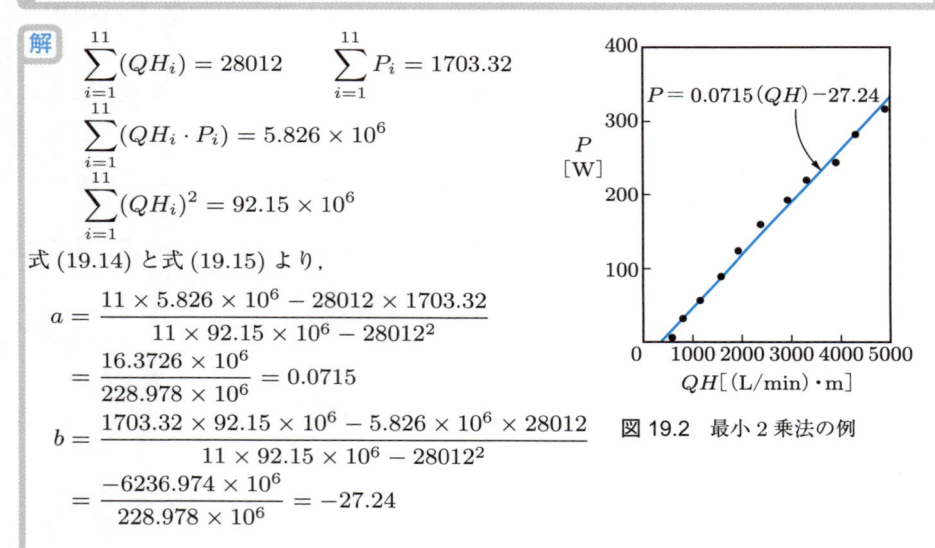

解

$\sum_{i=1}^{11}(QH_i) = 28012 \qquad \sum_{i=1}^{11} P_i = 1703.32$

$\sum_{i=1}^{11}(QH_i \cdot P_i) = 5.826 \times 10^6$

$\sum_{i=1}^{11}(QH_i)^2 = 92.15 \times 10^6$

式 (19.14) と式 (19.15) より，

$a = \dfrac{11 \times 5.826 \times 10^6 - 28012 \times 1703.32}{11 \times 92.15 \times 10^6 - 28012^2}$

$= \dfrac{16.3726 \times 10^6}{228.978 \times 10^6} = 0.0715$

$b = \dfrac{1703.32 \times 92.15 \times 10^6 - 5.826 \times 10^6 \times 28012}{11 \times 92.15 \times 10^6 - 28012^2}$

$= \dfrac{-6236.974 \times 10^6}{228.978 \times 10^6} = -27.24$

図 19.2 最小 2 乗法の例

したがって，1 次式は，$P = 0.0715(QH) - 27.24$ となる．これらの関係を図示すると，図 19.2 のようになる．

●● 演習問題 [19] ●●

19.1 次の関数について，偏微分 f_x, f_y を求めよ．

(1) $f(x, y) = x^2 - y^2$

(2) $f(x, y) = x^3 + 3x^2 y - y^3$

(3) $f(x, y) = \dfrac{y}{x}$

(4) $f(x, y) = \log_y x$

(5) $f(x, y) = 3e^{-2x} \sin^4 y$

(6) $f(x, y) = (\cos 2x)^3 \sqrt{x^2 - 4y^2}$

(7) $f(x, y) = y\sqrt{x^2 + 3xy + y^2}$

19.2 次の関数について，偏微分 f_x, f_{xx}, f_y, f_{yy}, f_{xy}, f_{yx} を求めよ．

(1) $f(x, y) = xe^{-xy}$ (2) $f(x, y) = 3x^2 y - y^3$

(3) $f(x, y) = \tan^{-1} \dfrac{y}{x}$ (4) $f(x, y) = \sin \dfrac{y}{x}$

(5) $f(x, y) = \log(x^2 - y^2)$ (6) $f(x, y) = e^{2x} \sin 3y$

19.3 次の関数について，偏微分 f_x, f_y, f_z を求めよ．

(1) $f(x, y, z) = xy^2 - yz^2 + x^2 z$ (2) $f(x, y, z) = x^3 y z^2 + 2xy^3 z$

19.4 $z = \cos \dfrac{y}{x}$ とするとき，$x \dfrac{\partial z}{\partial x} + y \dfrac{\partial z}{\partial y} = 0$ となることを証明せよ．

19.5 $z = x^2 - y^2$, $x = \sin t$, $y = \cos t$ とするとき，$\dfrac{dz}{dt}$ を求めよ．

19.6 $f(x, y) = x^2 + y^2 - 4 = 0$ とするとき，$\dfrac{dy}{dx}$ を求めよ．

19.7 両辺の対数をとり，陰関数の微分の考え方を用いて，$\dfrac{dy}{dx}$ を求めよ．

(1) $y = e^{-\alpha x}$ (2) $y = x^2 e^{3x}$ (3) $y = x^x$ (4) $y = x^{\cos x}$

19.8 $u = \dfrac{1}{\sqrt{x^2 + y^2 + z^2}}$ とするとき，$\dfrac{\partial^2 u}{\partial x^2} + \dfrac{\partial^2 u}{\partial y^2} + \dfrac{\partial^2 u}{\partial z^2}$ の値を求めよ．

19.9 $z = f(x, y)$, $x = r \cos \theta$, $y = r \sin \theta$ とするとき，次の式を証明せよ．

$$\frac{\partial^2 z}{\partial r^2} + \frac{1}{r} \frac{\partial z}{\partial r} + \frac{1}{r^2} \frac{\partial^2 z}{\partial \theta^2} = \frac{\partial^2 z}{\partial x^2} + \frac{\partial^2 z}{\partial y^2}$$

19.10 抵抗に電圧を印加したときに流れる電流は，オームの法則からもわかるとおり，電圧に比例する．いま，問図 19.1 に示すように，抵抗 R に電流計と電圧計を接続して測定したとき，問表 19.1 の結果を得た．最小 2 乗法を用いて，直線 $V = aI + b$ の定数 a と b を求めよ．

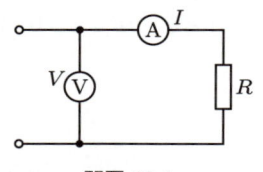

問図 19.1

問表 19.1

電流 I [mA]	2	4	6	8	10
電圧 V [V]	1.01	2.00	3.01	4.04	5.04

19.11 トランジスタの $V_{CE} - I_C$ 特性を測定したところ，$4 \leq V_{CE} \leq 14$ [V] において問表 19.2 の特性が得られた．最小 2 乗法により I_C [mA] の値を直線近似式で表せ．なお，この特性は $V_{CE} < 4$ ではまったく異なってくる．

問表 19.2

V_{CE} [V]	4	6	8	10	12	14
I_C [mA]	6.2	6.4	7.0	7.2	7.6	7.8

第20章

積分計算法（その1）

20.1 不定積分と定積分

関数 $F(x)$ の導関数が $f(x)$ であるとき，$F(x)$ を $f(x)$ の原始関数という．すなわち，$\dfrac{d}{dx}F(x) = f(x)$ のとき，

不定積分： $\displaystyle\int f(x)\,dx = F(x) + K$ 　（K：積分定数） 　　　(20.1)

定 積 分： $\displaystyle\int_a^b f(x)\,dx = F(b) - F(a)$ 　　　(20.2)

なお，定積分については第21章で説明する．

◆注◆ 積分定数は一般に C で表すことが多いが，本書ではキャパシタンス C と混同する恐れがあるので K を使用する．

20.2 不定積分に関する規則

(1) 定数と関数の積

$$\int kf(x)\,dx = k\int f(x)\,dx \tag{20.3}$$

(2) 和または差

$$\int \{f(x) \pm g(x)\}\,dx = \int f(x)\,dx \pm \int g(x)\,dx \quad [複号同順] \tag{20.4}$$

(3) 置換積分

$x = g(t)$ のとき，

$$\int f(x)\,dx = \int f\{g(t)\}g'(t)\,dt \tag{20.5}$$

ここで，$g'(t) = \dfrac{dx}{dt}$

(4) 部分積分

$$\int f'(x)g(x)\,dx = f(x)g(x) - \int f(x)g'(x)\,dx \tag{20.6}$$

とくに式 (20.5) の置換積分と式 (20.6) の部分積分は，非常によく用いる重要な関係式である．

20.3 主な不定積分の計算

積分定数 K は省略してある.

(1) $\displaystyle\int x^r \, dx = \frac{1}{r+1} x^{r+1} \quad (r \neq -1 \text{ のとき})$

(2) $\displaystyle\int \frac{dx}{x} = \log |x| \quad ((1) \text{ で } r = -1 \text{ のとき})$

(3) $\displaystyle\int e^x \, dx = e^x$

(4) $\displaystyle\int a^x \, dx = \frac{a^x}{\log a} \quad (a > 0)$

(5) $\displaystyle\int \log x \, dx = x(\log x - 1)$

(6) $\displaystyle\int \sin ax \, dx = -\frac{\cos ax}{a}$

(7) $\displaystyle\int \cos ax \, dx = \frac{\sin ax}{a}$

(8) $\displaystyle\int \tan x \, dx = -\log |\cos x|$

(9) $\displaystyle\int \sinh ax \, dx = \frac{1}{a} \cosh ax$

(10) $\displaystyle\int \mathrm{Sin}^{-1} x \, dx = x \mathrm{Sin}^{-1} x + \sqrt{1-x^2}$

(11) $\displaystyle\int \frac{dx}{\cos^2 x} = \tan x$

(12) $\displaystyle\int \frac{dx}{\sin^2 x} = \int \mathrm{cosec}^2 x \, dx = -\cot x$

(13) $\displaystyle\int \sin^2 x \, dx = \int \left(\frac{1 - \cos 2x}{2} \right) dx = \frac{x}{2} - \frac{\sin 2x}{4}$

(14) $\displaystyle\int \frac{dx}{a^2 + x^2} = \frac{1}{a} \mathrm{Tan}^{-1} \frac{x}{a} \quad (a \neq 0)$

(15) $\displaystyle\int \frac{dx}{\sqrt{a^2 - x^2}} = \mathrm{Sin}^{-1} \frac{x}{a} \quad \text{または} \quad -\mathrm{Cos}^{-1} \frac{x}{a}$

(16) $\displaystyle\int \frac{dx}{\sqrt{x^2 \pm a^2}} = \log \left| x + \sqrt{x^2 \pm a^2} \right| \quad \text{[複号同順]}$

(17) $\displaystyle\int \sqrt{a^2 - x^2} \, dx = \frac{1}{2} \left\{ x\sqrt{a^2 - x^2} + a^2 \mathrm{Sin}^{-1} \frac{x}{a} \right\} \quad (|x| \leq a)$

(18) $\displaystyle\int \sqrt{x^2 \pm a^2}\,dx = \frac{1}{2}\left\{x\sqrt{x^2 \pm a^2} \pm a^2 \log\left|x + \sqrt{x^2 \pm a^2}\right|\right\}$　[複号同順]

(19) $\displaystyle\int \frac{f'(x)}{f(x)}\,dx = \log|f(x)|$

(20) $F'(x) = f(x)$　のとき　$\displaystyle\int f(ax+b)\,dx = \frac{1}{a}F(ax+b)$

　(1)～(4), (6), (7), (9), (11)～(13) は 16.7 節で示した主な関数の微分から容易に導くことができる．その他の関係は，次節で述べる手法を用いて得ることができる ([例題 20.1], [例題 20.2] 参照).

20.4　積分計算によく用いられる手法

　積分定数 K は省略してある．

(1) 分数の積分 (1.3 節参照)

① 分子式の次数が分母式の次数より高いか同じ分数式については，整式と分数式の和の形に変形した上で，積分を行う．

例 20.1　$\displaystyle\int \frac{2x^2 - 3x - 3}{x - 2}\,dx = \int \left(2x + 1 - \frac{1}{x - 2}\right)dx$
$\qquad\qquad\qquad\qquad\quad = x^2 + x - \log|x - 2|$

② 分子式の次数が分母式の次数より低い分数式については，部分分数に分解した上で積分を行う．

例 20.2　$\displaystyle\int \frac{dx}{x^2 - 1} = \int \frac{dx}{(x-1)(x+1)} = \int \frac{1}{2}\left(\frac{1}{x-1} - \frac{1}{x+1}\right)dx$
$\qquad\qquad\quad = \frac{1}{2}\log\left|\frac{x-1}{x+1}\right|$

(2) 三角関数の積 (n 乗を含む) の積分

① 三角関数の積を和または差の式に変形する場合 (8.4 節参照).

例 20.3　$\displaystyle\int \sin ax \sin bx\,dx = -\frac{1}{2}\int \{\cos(a+b)x - \cos(a-b)x\}\,dx$
$\qquad\qquad\qquad\qquad = -\frac{1}{2}\left\{\frac{\sin(a+b)x}{a+b} - \frac{\sin(a-b)x}{a-b}\right\}\quad (|a| \neq |b|)$

② 置換する場合．

例 20.4　$\sin ax = t$ とおくと，
$\qquad\dfrac{dt}{dx} = a\cos ax \quad \therefore\ dx\cos ax = \dfrac{dt}{a}$

$$\int \sin^n ax \cos ax\, dx = \frac{1}{a(n+1)} \sin^{n+1} ax \qquad (n \neq -1)$$

(3) 置換を行うときによく用いられる形.

① $\displaystyle\int (ax+b)\sqrt{cx-d}\, dx \quad \to \quad cx-d=t$ とおく.

② $\displaystyle\int \frac{dx}{\sqrt{1-x^2}} \quad \to \quad x=\sin t$ または $x=\cos t$ とおく.

③ $\displaystyle\int \frac{dx}{1+x^2} \quad \to \quad x=\tan t$ とおく.

(4) 指数関数，三角関数の組合せからなる式の積分は，部分積分を 2 回使用することにより解けることが多い．

例 20.5
$$I = \int e^{ax} \sin x\, dx = \frac{1}{a} e^{ax} \sin x - \int \frac{1}{a} e^{ax} \cos x\, dx$$
$$= \frac{e^{ax}}{a} \sin x - \frac{1}{a}\left\{\frac{e^{ax}}{a} \cos x - \int \frac{e^{ax}}{a}(-\sin x)dx\right\}$$
$$= \frac{e^{ax}}{a} \sin x - \frac{e^{ax}}{a^2} \cos x - \frac{1}{a^2} I$$
$$\therefore \left(\frac{a^2+1}{a^2}\right) I = \frac{e^{ax}}{a^2}(a\sin x - \cos x)$$

よって，
$$I = \frac{e^{ax}}{a^2+1}(a\sin x - \cos x)$$

(5) 20.3 節の (19) と (20) の関係式を有効に利用する．

例題 20.1 (5) の手法により，20.3 節 (8) の式を求めよ．

解
$$\int \tan x\, dx = \int \frac{\sin x}{\cos x}\, dx = -\int \frac{(\cos x)'}{\cos x}\, dx = -\log|\cos x| + K$$

例題 20.2 置換積分を用いて，20.3 節 (5), (15), (16) の式を求めよ．

解 (5) について；$\log x = t$ とおくと，
$$x = e^t \quad \therefore \quad dx = e^t\, dt$$
$$\int \log x\, dx = \int t e^t\, dt = t e^t - \int e^t\, dt = t e^t - e^t + K$$
$$= e^t(t-1) + K = x(\log x - 1) + K$$

(15) について；$x = a\sin\theta$ とおくと，
$$dx = a\cos\theta\, d\theta, \qquad a^2 - x^2 = a^2(1-\sin^2\theta) = a^2\cos^2\theta$$

$$\int \frac{dx}{\sqrt{a^2-x^2}} = \int \frac{a\cos\theta\,d\theta}{a\cos\theta} = \int d\theta = \theta + K = \mathrm{Sin}^{-1}\frac{x}{a} + K$$

もし，$x = a\cos\theta$ とおくとすると，与式 $= -\mathrm{Cos}^{-1}\dfrac{x}{a} + K$ となる．

(16) について；$\sqrt{x^2 \pm a^2} = t - x$ とおくと，

$$x^2 \pm a^2 = t^2 - 2tx + x^2$$

$$\therefore\ x = \frac{t^2 \mp a^2}{2t},\qquad dx = \frac{2t^2 - (t^2 \mp a^2)}{2t^2}dt = \frac{t^2 \pm a^2}{2t^2}dt$$

$$\sqrt{x^2 \pm a^2} = t - x = t - \frac{t^2 \mp a^2}{2t} = \frac{t^2 \pm a^2}{2t}$$

$$\int \frac{dx}{\sqrt{x^2 \pm a^2}} = \int \frac{2t}{t^2 \pm a^2} \cdot \frac{t^2 \pm a^2}{2t^2}dt = \int \frac{dt}{t} = \log|t| + K$$
$$= \log|x + \sqrt{x^2 \pm a^2}| + K \quad \text{[複号同順]}$$

●● 演習問題 [20] ●●

20.1 次の不定積分を求めよ．

(1) $\displaystyle\int (x^2 - 1)\,dx$　　(2) $\displaystyle\int \left(x^3 + \frac{1}{x}\right)dx$　　(3) $\displaystyle\int \frac{x^2 + x + 1}{x + 1}\,dx$

(4) $\displaystyle\int \frac{x + 1}{x^3}\,dx$　　(5) $\displaystyle\int (2 - x)^3\,dx$　　(6) $\displaystyle\int (3x - 2)^5\,dx$

(7) $\displaystyle\int (5x^2 - 3x + 1)\,dx$　　(8) $\displaystyle\int 4\pi r^2\,dr$　　(9) $\displaystyle\int x\sqrt{1 - x}\,dx$

(10) $\displaystyle\int \frac{1}{\sqrt{x+2}}\,dx$　　(11) $\displaystyle\int \frac{x}{\sqrt{x^2 - 2}}\,dx$　　(12) $\displaystyle\int \frac{1}{\sqrt{x+1} - \sqrt{x}}\,dx$

(13) $\displaystyle\int \frac{(\sqrt{x} + 1)^2}{\sqrt{x}}\,dx$　　(14) $\displaystyle\int \frac{dx}{\sqrt{4 - x^2}}$　　(15) $\displaystyle\int \frac{1}{\sqrt{4x - x^2}}\,dx$

(16) $\displaystyle\int \frac{1}{x\sqrt{1 - x^2}}\,dx$　　(17) $\displaystyle\int \frac{x + 2}{x^3 - 4x}\,dx$　　(18) $\displaystyle\int \frac{x}{(x - 1)(x - 2)}\,dx$

(19) $\displaystyle\int \frac{9}{(x - 1)^2(x + 2)}\,dx$　　(20) $\displaystyle\int \frac{x + 2}{x^3 - 2x^2}\,dx$　　(21) $\displaystyle\int \sin 3x\,dx$

(22) $\displaystyle\int \sin^2 x\,dx$　　(23) $\displaystyle\int \sin(ax + b)\,dx$　　(24) $\displaystyle\int \cos^2 x\,dx$

(25) $\displaystyle\int e^{nx}\,dx$　　(26) $\displaystyle\int (e^{2x} + 5e^{3x})\,dx$　　(27) $\displaystyle\int (e^x - e^{-x})^2\,dx$

(28) $\displaystyle\int \frac{1}{e^x + e^{-x}}\,dx$　　(29) $\displaystyle\int xe^x\,dx$　　(30) $\displaystyle\int e^{2x}\cos x\,dx$

(31) $\displaystyle\int e^{-x}\sin 3x\,dx$　　(32) $\displaystyle\int x^2 e^{-x}\,dx$　　(33) $\displaystyle\int e^{-x}\sin x\,dx$

(34) $\displaystyle\int x\cos x\,dx$ (35) $\displaystyle\int x\log x\,dx$ (36) $\displaystyle\int x^2\cos x\,dx$

(37) $\displaystyle\int \sin^2 x\cos^2 x\,dx$ (38) $\displaystyle\int \sin^3 x\cos x\,dx$ (39) $\displaystyle\int \frac{\cos^3 x}{\sin^2 x}\,dx$

(40) $\displaystyle\int \sqrt{2\sin x+1}\cos x\,dx$ (41) $\displaystyle\int \log x\,dx$ (42) $\displaystyle\int \frac{e^x}{e^x+1}\,dx$

(43) $\displaystyle\int \frac{1}{\sqrt{x-1}}\,dx$ (44) $\displaystyle\int \frac{1}{x^2+a^2}\,dx\ (a\ne 0)$ (45) $\displaystyle\int \frac{1}{ax+b}\,dx\ (a\ne 0)$

(46) $\displaystyle\int \frac{1}{(x+2)^2}\,dx$ (47) $\displaystyle\int \frac{5x}{x^2+1}\,dx$ (48) $\displaystyle\int \frac{x}{x^2+a^2}\,dx$

(49) $\displaystyle\int \sqrt{4-x^2}\,dx$ (50) $\displaystyle\int \frac{1}{x(1-x^2)}\,dx$ (51) $\displaystyle\int \frac{1}{x^3+1}\,dx$

(52) $\displaystyle\int x\sqrt{x+a}\,dx$ (53) $\displaystyle\int (1-\cos x)^2\,dx$ (54) $\displaystyle\int \tan^3 x\,dx$

(55) $\displaystyle\int \cos ax\sin bx\,dx\ (a\ne\pm b)$ (56) $\displaystyle\int \sqrt{\cos x}\sin^3 x\,dx$

(57) $\displaystyle\int \mathrm{Sin}^{-1}x\,dx$ (58) $\displaystyle\int x\mathrm{Tan}^{-1}x\,dx$ (59) $\displaystyle\int \cot x\,dx$

(60) $\displaystyle\int \cos^3 x\,dx$

20.2 部分積分法を用いて，次の漸化式を導け．

(1) $\displaystyle\int \sin^n x\,dx=-\frac{1}{n}\cos x\sin^{n-1}x+\frac{n-1}{n}\int \sin^{n-2}x\,dx$

(2) $\displaystyle\int \cos^n x\,dx=\frac{1}{n}\sin x\cos^{n-1}x+\frac{n-1}{n}\int \cos^{n-2}x\,dx$

20.3 次の不定積分を求めよ．

(1) $\displaystyle\int \frac{1-2\cos x}{\sin^2 x}\,dx$ (2) $\displaystyle\int \sqrt{\frac{1+x}{1-x}}\,dx$ (3) $\displaystyle\int \frac{1}{\sqrt{x^2-2}}\,dx$

(4) $\displaystyle\int \frac{x}{\sqrt{4-x^2}}\,dx$ (5) $\displaystyle\int \frac{1}{x^2-a^2}\,dx$ (6) $\displaystyle\int \frac{1}{(a^2+x^2)^{\frac{3}{2}}}\,dx$

(7) $\displaystyle\int \frac{e^x-1}{e^x+1}\,dx$ (8) $\displaystyle\int \frac{\sqrt{1+\log x}}{x}\,dx$

第21章

積分計算法（その2）

21.1 定積分の基本的な性質

定積分は 20.1 節で示したように，基本的には次の関係がある．

$$\int_a^b f(x)\,dx = \Big[F(x)\Big]_a^b = F(b) - F(a) \tag{21.1}$$

また，20.2 節で示した規則も定積分に適用できる．そのほか定積分には次のような性質がある．

(1) 両端が等しい場合の定積分は 0 である．

$$\int_a^a f(x)\,dx = 0 \tag{21.2}$$

(2) 両端を入れ換えると積分の符号は反対になる．

$$\int_a^b f(x)\,dx = -\int_b^a f(x)\,dx \tag{21.3}$$

(3) 積分区間を分割できる． $a < c < b$ とすると，

$$\int_a^b f(x)\,dx = \int_a^c f(x)\,dx + \int_c^b f(x)\,dx \tag{21.4}$$

(4) 平均値の定理が成り立つ．

　関数 $f(x)$ が $a \leq x \leq b$ で連続ならば，次式を満たす c が存在する．

$$\int_a^b f(x)dx = (b-a)f(c) \quad (a < c < b) \tag{21.5}$$

(5) $a < x < b$, $f(x) \geqq g(x)$ のとき，

$$\int_a^b \{f(x) - g(x)\}dx \geqq 0 \tag{21.6}$$

(6) $a < b$, $m \leqq f(x) \leqq M$ のとき，

$$m(b-a) \leqq \int_a^b f(x)dx \leqq M(b-a) \tag{21.7}$$

(7) 偶関数 $f(-x) = f(x)$ のとき，

$$\int_{-a}^a f(x)dx = \int_{-a}^0 f(x)dx + \int_0^a f(x)dx = 2\int_0^a f(x)dx \tag{21.8}$$

(8) 奇関数 $f(-x) = -f(x)$ のとき，

$$\int_{-a}^{a} f(x)dx = \int_{-a}^{0} f(x)dx + \int_{0}^{a} f(x)dx = 0 \tag{21.9}$$

21.2　定積分における置換積分と部分積分

$x = g(t)$ のとき，$\int_{a}^{b} f(x)\,dx = \int_{t_1}^{t_2} f\{g(t)\}g'(t)\,dt$ となり，$a = g(t_1)$，$b = g(t_2)$ の関係が存在する．

例 21.1　$\int_{0}^{1} \sqrt{1-x^2}\,dx$ を求める．

$x = \sin\theta$ とおくと，

$$dx = \cos\theta\, d\theta, \quad \sqrt{1-x^2} = \sqrt{1-\sin^2\theta} = \cos\theta$$

$x = 0$ のとき $\theta = 0$，$x = 1$ のとき $\theta = \pi/2$

$$\int_{0}^{1}\sqrt{1-x^2}\,dx = \int_{0}^{\frac{\pi}{2}}\cos^2\theta\,d\theta = \int_{0}^{\frac{\pi}{2}}\frac{1+\cos 2\theta}{2}\,d\theta$$

$$= \left[\frac{\theta}{2} + \frac{1}{4}\sin 2\theta\right]_{0}^{\frac{\pi}{2}} = \frac{\pi}{4}$$

$\int_{a}^{b} f'(x)g(x)\,dx = \left[f(x)g(x)\right]_{a}^{b} - \int_{a}^{b} f(x)g'(x)\,dx$ の関係を用いることができる．

例 21.2　$\int_{0}^{\infty} xe^{-x}\,dx$ を求める．

$f'(x) = e^{-x}$，$g(x) = x$ とおくと，$f(x) = -e^{-x}$，$g'(x) = 1$ となるので，

$$\int_{0}^{\infty} xe^{-x}\,dx = \left[-xe^{-x}\right]_{0}^{\infty} + \int_{0}^{\infty} e^{-x}\,dx$$

$$= 0 + \left[-e^{-x}\right]_{0}^{\infty} = -(0-1) = 1$$

21.3　区分求積法

$0 \leq x \leq a$ の範囲で，関数 $y = f(x)$ と x 軸との間の面積 S は，図 21.1 より次のように表すことができる．

$$S = \int_{0}^{a} f(x)\,dx \tag{21.10}$$

$$= \lim_{n\to\infty} \sum_{k=0}^{n-1} \left\{f(x_k)\frac{a}{n}\right\} \tag{21.11}$$

$$= \lim_{n \to \infty} \sum_{k=1}^{n} \left\{ f(x_k) \frac{a}{n} \right\} \tag{21.12}$$

すなわち，積分区間を n 分割し，図の青い部分の長方形の面積の和の極限として (n を無限大として) 面積を求める方法である．

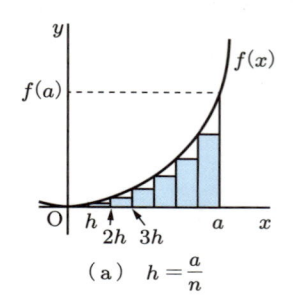

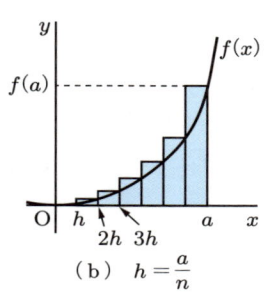

図 21.1　区分求積法

例題 21.1
放物線 $y = x^2$，直線 $x = a\ (a > 0)$，および x 軸で囲まれた図形の面積を求めよ．

解　n 等分した長方形の幅を h とおくと，図 21.1(a) の青い部分の面積 S_n は，

$$S_n = h[0^2 + h^2 + (2h)^2 + \cdots + \{(n-1)h\}^2]$$
$$= h^3\{1^2 + 2^2 + \cdots + (n-1)^2\}$$
$$= \left(\frac{a}{n}\right)^3 \frac{n(n-1)(2n-1)}{6} \quad \text{(14.5 節の式 (14.8) 参照)}$$
$$\therefore\ S = \lim_{n \to \infty} \frac{a^3 n(n-1)(2n-1)}{6n^3} = \lim_{n \to \infty} \frac{a^3}{6}\left(1 - \frac{1}{n}\right)\left(2 - \frac{1}{n}\right) = \frac{a^3}{3}$$

21.4　定積分の数値計算法

n を有限として区分求積法の考え方で面積を求める場合，一般に誤差が大きくなる．そのため，関数 $f(x)$ を n 分割したものの 1 区間を 1 次式 (直線) で結んで台形の面積の総和を求める方法 (台形公式) と，2 区間を 2 次式で近似して面積の総和を求める方法 (シンプソンの公式) などが工夫されている．

このような考え方は面積を求める場合に限らず，解析的に積分が不可能な定積分の値を求める場合に有効であり，通常，数値積分とよばれている．

(1)　台形公式

$a \leqq x \leqq b$ を n 等分して，その分点を図 21.2 のように，

$$x_0(=a),\ x_1,\ x_2,\ \cdots,\ x_n(=b)$$

とし，これらの x の値に対する $f(x)$ の値を，

$$y_0,\ y_1,\ y_2,\ \cdots,\ y_n$$

とする．いま，図 21.2 のように曲線 $y = f(x)$ を折れ線 $P_0, P_1, P_2, \cdots, P_n$ でおき換えると，各区間，

$$x_k \leqq x \leqq x_{k+1} \quad (k = 0, 1, 2, \cdots, n-1)$$

において，

$$\int_{x_k}^{x_{k+1}} f(x)dx \fallingdotseq \frac{(b-a)}{n}\frac{(y_k + y_{k+1})}{2} \tag{21.13}$$

となる．この式で，$k = 0, 1, 2, \cdots, n-1$ として，それらの和を求めると，次の近似公式 (台形公式) が得られる．

$$\int_a^b f(x)dx \fallingdotseq \frac{b-a}{2n}\{y_0 + 2(y_1 + y_2 + \cdots + y_{n-1}) + y_n\} \tag{21.14}$$

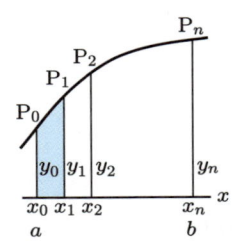

図 21.2 台形法

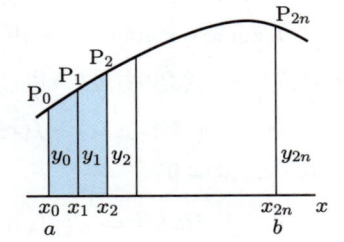

図 21.3 シンプソン法

(2) シンプソンの公式

$a \leqq x \leqq b$ を $2n$ 等分して，その分点を図 21.3 のように，

$$x_0(=a),\ x_1,\ \cdots,\ x_{2n-1},\ x_{2n}(=b)$$

とし，これらの x の値に対する $f(x)$ の値を，

$$P_i(x_i, y_i) \quad (i = 0, 1, \cdots, 2n)$$

とする．いま，区間 $x_{2k} \leqq x \leqq x_{2k+2}$ において，曲線を $P_{2k},\ P_{2k+1},\ P_{2k+2}$ を通る 2 次曲線のグラフでおき換えると次式になる (◆注◆参照).

$$\int_{x_{2k}}^{x_{2k+2}} f(x)\,dx \fallingdotseq \frac{(b-a)}{2n}\frac{(y_{2k} + 4y_{2k+1} + y_{2k+2})}{3} \tag{21.15}$$

この式で，$k = 0, 1, \cdots, n-1$ として，それらの和をつくると，次の近似式 (シンプソンの公式) が得られる．

$$\int_a^b f(x)\,dx \fallingdotseq \frac{b-a}{6n}\{y_0 + 4(y_1 + y_3 + \cdots + y_{2n-1})$$
$$+ 2(y_2 + y_4 + \cdots + y_{2n-2}) + y_{2n}\} \qquad (21.16)$$

なお，シンプソン法では，積分区間を $2n$ 分割するので必ず偶数分割することが前提となる．この手法は，コンピュータで積分計算を行う場合によく用いられる．

◆注◆ シンプソン法の基本式の証明

区間 $x_{2k} \leqq x \leqq x_{2k+2}$ において，$f(x)$ が x の 2 次式である場合を考える．
いま，$g(t) = p + qt + rt^2$ $(-h \leqq t \leqq h)$ とおくと，$g(t)$ の積分より，

$$\int_{x_{2k}}^{x_{2k+2}} f(x)\,dx = \int_{-h}^{h} (p + qt + rt^2)\,dt$$
$$= \left[pt + \frac{q}{2}t^2 + \frac{r}{3}t^3\right]_{-h}^{h} = \frac{h}{3}(6p + 2rh^2) \qquad ①$$

一方，3 点における値は，

$$f(x_{2k}) = g(-h) = p - qh + rh^2$$
$$f(x_{2k+1}) = g(0) = p$$
$$f(x_{2k+2}) = g(h) = p + qh + rh^2$$

この 3 つの式から，式①の右辺を考慮して，

$$f(x_{2k}) + 4f(x_{2k+1}) + f(x_{2k+2}) = 6p + 2rh^2 \qquad ②$$

よって，式①と式②より，

$$\int_{x_{2k}}^{x_{2k+2}} f(x)\,dx = \frac{h}{3}\{f(x_{2k}) + 4f(x_{2k+1}) + f(x_{2k+2})\} \qquad ③$$

ここで，$h = \dfrac{b-a}{2n}$ とすれば，シンプソン法の基本式 (21.15) が得られる．

例題 21.2

$S = \displaystyle\int_0^{1.2} x^2\,dx = \left[\dfrac{1}{3}x^3\right]_0^{1.2} = \dfrac{1}{3} \times 1.2^3 = 0.576$ を台形法とシンプソン法による数値積分で求めよ．ただし，分割数は 6 区間とする．

解 台形法による数値積分 S_a

$$S_a = \frac{1.2}{2 \times 6}\{0^2 + 2(0.2^2 + 0.4^2 + 0.6^2 + 0.8^2 + 1.0^2) + 1.2^2\}$$
$$= 0.1 \times 5.84 = 0.584$$

シンプソン法による数値積分 S_b

$$S_b = \frac{1.2}{6 \times 3}\{0^2 + 4(0.2^2 + 0.6^2 + 1.0^2) + 2(0.4^2 + 0.8^2) + 1.2^2\}$$
$$= \frac{1}{15} \times (5.6 + 1.6 + 1.44) = \frac{1}{15} \times 8.64 = 0.576$$

この例題からも明らかなように，シンプソン法は台形法と比べて非常によい近似値が得られている．

●○ 演習問題 [21] ○●

21.1 次の定積分の値を求めよ．

(1) $\displaystyle\int_0^1 e^{2x}\,dx$ 　　(2) $\displaystyle\int_1^2 x\,dx$ 　　(3) $\displaystyle\int_r^\infty \frac{1}{x^2}\,dx$

(4) $\displaystyle\int_1^2 \frac{1}{x}\,dx$ 　　(5) $\displaystyle\int_0^1 \frac{4}{1+x^2}\,dx$ 　　(6) $\displaystyle\int_{-\infty}^\infty \frac{1}{1+x^2}\,dx$

(7) $\displaystyle\int_4^6 \frac{1}{x^2-4}\,dx$ 　　(8) $\displaystyle\int_0^1 x\sqrt{1-x^2}\,dx$ 　　(9) $\displaystyle\int_0^1 xe^x\,dx$

(10) $\displaystyle\int_1^2 \log x\,dx$ 　　(11) $\displaystyle\int_0^{\frac{\pi}{2}} \sin x\,dx$ 　　(12) $\displaystyle\int_0^\pi \sin x\,dx$

(13) $\displaystyle\int_0^{2\pi} \sin x\,dx$ 　　(14) $\displaystyle\int_{\frac{\pi}{6}}^{\frac{\pi}{4}} \cos 2x\,dx$ 　　(15) $\displaystyle\int_0^{\frac{\pi}{2}} \cos^4 x\,dx$

(16) $\displaystyle\int_0^\pi e^{-x}\cos x\,dx$ 　　(17) $\displaystyle\int_0^{\frac{\pi}{4}} \sin 2x \cos 2x\,dx$ 　　(18) $\displaystyle\int_0^{\frac{\pi}{2}} x\sin^2 x\,dx$

(19) $\displaystyle\int_{\frac{\pi}{2}}^\pi \sin^2 x\,dx$ 　　(20) $\displaystyle\int_0^{\frac{\pi}{2}} \cos^3 x \sin x\,dx$ 　　(21) $\displaystyle\int_4^5 \frac{dx}{(x-1)(x-3)}$

(22) $\displaystyle\int_2^5 \frac{x}{\sqrt{x-1}}\,dx$ 　　(23) $\displaystyle\int_0^1 x^2 e^x\,dx$ 　　(24) $\displaystyle\int_1^2 \frac{\log x}{x^2}\,dx$

(25) $\displaystyle\int_0^{\frac{\pi}{2}} x^2 \cos x\,dx$ 　　(26) $\displaystyle\int_0^a \sqrt{a^2-x^2}\,dx$ 　　(27) $\displaystyle\int_0^a \frac{dx}{\sqrt{a^2-x^2}}$

(28) $\displaystyle\int_0^1 \frac{dx}{\sqrt{x(1-x)}}$ 　　(29) $\displaystyle\int_{-2}^2 |x^2-1|\,dx$ 　　(30) $\displaystyle\int_0^{2\pi} |\sin x|\,dx$

(31) $\displaystyle\int_2^3 \frac{1}{(1-x)^2}\,dx$ 　　(32) $\displaystyle\int_a^{r-a} \left(\frac{1}{x}+\frac{1}{r-x}\right)dx$

21.2 次の定積分の値を求めよ．なお，$A,\ \omega,\ a,\ s,\ \phi$ は正の定数とする．

(1) $\displaystyle\int_0^T \sin(\omega t - \phi)\,dt$ 　　(2) $\displaystyle\int_0^\infty Ae^{-st}\,dt$

(3) $\displaystyle\int_0^\infty Ae^{at}e^{-st}\,dt\quad (s>a)$ 　　(4) $\displaystyle\int_0^\infty Ate^{-st}\,dt$

(5) $\displaystyle\int_0^\infty At^2 e^{-st}\,dt$ 　　(6) $\displaystyle\int_0^\infty A\cos\omega t\,e^{-st}\,dt$

(7) $\displaystyle\int_0^\infty A\sin\omega t\,e^{-st}\,dt$ 　　(8) $\displaystyle\int_0^T \sin\omega t \sin(\omega t - \phi)\,dt$

21.3 $f(x) = x^3$ とするとき,$0 \leqq x \leqq 1$ の範囲で x 軸との間で囲まれた面積を,次の方法によって求めよ.

(1) 定積分による方法 (S_1)

(2) 5等分して,台形法を用いる方法 (S_2)

(3) 10等分して,台形法を用いる方法 (S_3)

(4) 10等分してシンプソン法を用いる方法 (S_4)

21.4 $f(x) = \dfrac{1}{x}$ とするとき,$1 \leqq x \leqq 2$ の範囲で x 軸との間で囲まれた面積を,次の方法によって求めよ.

(1) 定積分による方法 (S_1)

(2) 5等分して各区間の下限による積分和 (図 21.1(a)) による方法 (S_2)

(3) 5等分して各区間の上限による積分和 (図 21.1(b)) による方法 (S_3)

(4) 5等分して台形法を用いる方法 (S_4)

(5) 4等分してシンプソン法を用いる方法 (S_5)

第22章

積分の応用

22.1　直交座標系における面積

区間 $a \leq x \leq b$ で $f(x) \geq g(x)$ のとき，この区間での **2つの曲線の間の面積** S は，次式から求められる（図 22.1 参照）．

$$S = \int_a^b \{f(x) - g(x)\}\, dx \tag{22.1}$$

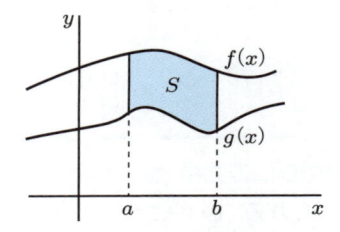

図 22.1　面積の算出

例 22.1　楕円 $\dfrac{x^2}{a^2} + \dfrac{y^2}{b^2} = 1$ の面積 S を求める．

$y = \pm b\sqrt{1 - \dfrac{x^2}{a^2}}$ となるので，正符号は楕円の上側を，負符号は楕円の下側を表す．したがって，$x = a\sin\theta$ とおくと，

$$S = \int_{-a}^{a} \left\{ b\sqrt{1 - \frac{x^2}{a^2}} - \left(-b\sqrt{1 - \frac{x^2}{a^2}}\right) \right\} dx = 2b \int_{-a}^{a} \sqrt{1 - \frac{x^2}{a^2}}\, dx$$

$$= 2b \int_{-\frac{\pi}{2}}^{\frac{\pi}{2}} \cos\theta \cdot a\cos\theta\, d\theta = 2ab \int_{-\frac{\pi}{2}}^{\frac{\pi}{2}} \frac{1 + \cos 2\theta}{2}\, d\theta$$

$$= ab \left[\theta + \frac{1}{2}\sin 2\theta \right]_{-\frac{\pi}{2}}^{\frac{\pi}{2}} = ab \left\{ \frac{\pi}{2} - \left(-\frac{\pi}{2}\right) \right\} = \pi ab$$

22.2　媒介変数表示による面積

曲線 $x = f(t)$, $y = g(t)$ と x 軸との間の面積 S は，次式で表される．

$$S = \int_a^b y\, dx = \int_\alpha^\beta g(t) f'(t)\, dt \tag{22.2}$$

ただし，積分範囲は次のように変わる．

$$\begin{cases} x = b & \longrightarrow \quad t = \beta \\ x = a & \longrightarrow \quad t = \alpha \end{cases}$$

例題 22.1 $x = 2\cos^2 t,\ y = \sin 2t$ で表示された曲線が x 軸 $(0 \leq x \leq 2)$ と囲む図形の面積を求めよ．

解 $\dfrac{dx}{dt} = 4\cos t(-\sin t) = -4\sin t \cos t = -2\sin 2t$ で，$x = 0 \sim 2$ は $t = \dfrac{\pi}{2} \sim 0$ に対応する．

$$S = \int_0^2 y\,dx = \int_{\frac{\pi}{2}}^0 \sin 2t \cdot (-2\sin 2t)\,dt = -2\int_{\frac{\pi}{2}}^0 \frac{1-\cos 4t}{2}\,dt$$
$$= -2\left[\frac{t}{2} - \frac{1}{8}\sin 4t\right]_{\frac{\pi}{2}}^0 = -2 \times \left(-\frac{\pi}{4}\right) = \frac{\pi}{2}$$

22.3　立体の体積

区間 $a \leq x \leq b$ で，立体の切り口の面積 (断面積) が $S(x)$ のとき，この区間での立体の体積 V は，次式から求められる (図 22.2 参照)．

$$V = \int_a^b S(x)\,dx \tag{22.3}$$

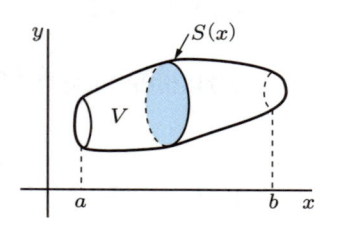

図 22.2　立体の体積

例題 22.2 球 $x^2 + y^2 + z^2 = a^2$ の体積を求めよ．

解 高さ z の水平面で切ると $(-a \leq z \leq a)$，切り口は $x^2 + y^2 = a^2 - z^2$ という半径 $\sqrt{a^2 - z^2}$ の円となる．したがって，断面積は $\pi(a^2 - z^2)$ となり，

$$V = 2\int_0^a \pi(a^2 - z^2)\,dz = 2\pi\left[a^2 z - \frac{1}{3}z^3\right]_0^a = 2\pi\left(a^3 - \frac{a^3}{3}\right) = \frac{4}{3}\pi a^3$$

22.4 回転体の体積

区間 $a \leq x \leq b$ で，関数 $y = f(x)$ と x 軸で囲まれた部分を，x 軸のまわりに回転してできる回転体の体積 V は，次式から求められる．

$$V = \pi \int_a^b y^2 dx = \pi \int_a^b \{f(x)\}^2 dx \tag{22.4}$$

なぜなら，$a \leq x \leq b$ の間の任意の点 x における回転体の断面積は πy^2 である．

例 22.2 楕円 $\dfrac{x^2}{a^2} + \dfrac{y^2}{b^2} = 1$ と x で囲まれた部分を x のまわりに回転してできる回転楕円体の体積 V を求める．

$$V = \pi \int_{-a}^{a} y^2 dx = \pi \int_{-a}^{a} b^2 \left(1 - \frac{x^2}{a^2}\right) dx = \pi b^2 \left[x - \frac{x^3}{3a^2}\right]_{-a}^{a}$$
$$= 2\pi b^2 \left(a - \frac{a}{3}\right) = \frac{4}{3}\pi a b^2$$

22.5 曲線の長さ

(1) $y = f(x)$ の区間 $a \leq x \leq b$ での曲線の長さ ℓ は，次式のようになる．

$$\ell = \int_a^b \sqrt{1 + \left(\frac{dy}{dx}\right)^2} dx \tag{22.5}$$

例 22.3 半径 r の円周の長さを求める (図 22.3 参照)．

$x = r\cos\theta, \quad y = r\sin\theta$

$x = 0 \quad \to \quad r \quad$ のとき $\quad \theta = \dfrac{\pi}{2} \quad \to \quad 0$

$dx = -r\sin\theta d\theta, \quad dy = r\cos\theta d\theta$

$$\sqrt{1 + \left(\frac{dy}{dx}\right)^2} = \sqrt{1 + \left(-\frac{\cos\theta}{\sin\theta}\right)^2} = \frac{1}{\sin\theta}$$

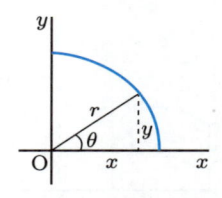

図 22.3 曲線の長さ

$$\frac{\ell}{4} = \int_{\frac{\pi}{2}}^{0} \frac{1}{\sin\theta}(-r\sin\theta)\,d\theta = -\int_{\frac{\pi}{2}}^{0} r\,d\theta = -r\Big[\theta\Big]_{\frac{\pi}{2}}^{0} = \frac{\pi r}{2}$$

したがって,

$$\ell = 2\pi r$$

(2) $x = f(t)$, $y = g(t)$ の区間 $\alpha \leqq t \leqq \beta$ での曲線の長さ ℓ は，次式のようになる．

$$\ell = \int_{\alpha}^{\beta} \sqrt{\left(\frac{dx}{dt}\right)^2 + \left(\frac{dy}{dt}\right)^2}\,dt \tag{22.6}$$

例題 22.3 $x = a\cos^3\theta$, $y = a\sin^3\theta$ $\left(0 \leqq \theta \leqq \frac{\pi}{2}\right)$ の曲線の長さを求めよ．

解 $\dfrac{dx}{d\theta} = 3a\cos^2\theta(-\sin\theta)$ $\dfrac{dy}{d\theta} = 3a\sin^2\theta\cos\theta$

$$\ell = \int_0^{\frac{\pi}{2}} 3a\sqrt{\cos^4\theta(-\sin\theta)^2 + \sin^4\theta\cos^2\theta}\,d\theta = 3a\int_0^{\frac{\pi}{2}} \sin\theta\cos\theta\,d\theta$$

$$= 3a\int_0^{\frac{\pi}{2}} \frac{\sin 2\theta}{2}\,d\theta = \frac{3a}{2}\left[-\frac{1}{2}\cos 2\theta\right]_0^{\frac{\pi}{2}} = \frac{3a}{2}$$

22.6　回転体の表面積

図 22.4 において，曲線上の P_1 と P_2 の間の曲線の長さ $d\ell$ は，前節の結果より，

$$d\ell = \sqrt{1 + \left(\frac{dy}{dx}\right)^2}\,dx \tag{22.7}$$

である．したがって，関数 $y = f(x)$ を $a \leqq x \leqq b$ の区間で x 軸について回転させたときの表面積 S は，

$$S = 2\pi \int_a^b f(x)\,d\ell = 2\pi \int_a^b y\sqrt{1 + \left(\frac{dy}{dx}\right)^2}\,dx \tag{22.8}$$

より算出することができる．

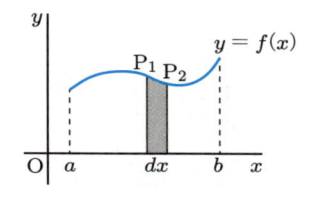

図 22.4　回転体の表面積

22.8 フーリエ級数　153

例 22.4　極座標 (r, θ) で与えられている円を表す曲線を，x 軸について回転してできる球の表面積 S を求める．

前節の [例 22.3] の結果を用いると，

$$\frac{S}{2} = 2\pi \int_{\frac{\pi}{2}}^{0} (r\sin\theta) \frac{1}{\sin\theta}(-r\sin\theta)\,d\theta$$

$$= 2\pi \int_{\frac{\pi}{2}}^{0} (-r^2 \sin\theta)\,d\theta = 2\pi r^2 \Big[\cos\theta\Big]_{\frac{\pi}{2}}^{0} = 2\pi r^2$$

となる．ゆえに，

$$S = 4\pi r^2$$

22.7　正弦波の実効値

正弦波交流電圧の瞬時値は，最大値 (波高値) を E_m とおくと，

$$e(t) = E_m \sin\omega t \tag{22.9}$$

と表される．ここで，ω は角周波数であり，周期を T とおくと $\omega T = 2\pi$ の関係がある．

正弦波の実効値 (RMS: Root Mean Square value) は，瞬時値の 2 乗の平均値の平方根をとったもので表されるので，次のように計算できる．

$$E_{rms} = \sqrt{\frac{1}{T}\int_0^T \{e(t)\}^2 dt} = \sqrt{\frac{E_m{}^2}{T}\int_0^T \sin^2 \omega t\, dt}$$

$$= \sqrt{\frac{E_m{}^2}{2T}\int_0^T (1-\cos 2\omega t)dt} = \sqrt{\frac{E_m{}^2}{2T}\left[t - \frac{\sin 2\omega t}{2\omega}\right]_0^T}$$

$$= \sqrt{\frac{E_m{}^2}{2T}\left(T - \frac{\sin 4\pi}{2\omega}\right)} = \frac{E_m}{\sqrt{2}} \tag{22.10}$$

すなわち，実効値 100 [V] の電圧の最大値は，約 141.4 [V] である．

22.8　フーリエ級数

2π を周期とする関数 $f(x)$ はフーリエ級数に展開できる．

$$f(x) = a_0 + \sum_{n=1}^{\infty} a_n \cos nx + \sum_{n=1}^{\infty} b_n \sin nx \tag{22.11}$$

ここで，a_0, a_n, b_n はフーリエ係数とよばれ，次のように定義される．

$$a_0 = \frac{1}{2\pi} \int_0^{2\pi} f(x)\, dx \tag{22.12}$$

$$a_n = \frac{1}{\pi} \int_0^{2\pi} f(x) \cos nx\, dx \tag{22.13}$$

$$b_n = \frac{1}{\pi} \int_0^{2\pi} f(x) \sin nx\, dx \tag{22.14}$$

この関数を周波数の異なる正弦波の和として扱うと次のように表現できる．

$$f(x) = a_0 + \sum_{n=1}^{\infty} A_n \sin(nx + \theta_n) \tag{22.15}$$

ここで，

$$\left.\begin{array}{l} A_n = \sqrt{a_n{}^2 + b_n{}^2} \\ \theta_n = \tan^{-1} \dfrac{a_n}{b_n} \end{array}\right\} \tag{22.16}$$

例題 22.4 図 22.5 に示す方形波のフーリエ級数展開式を求めよ．

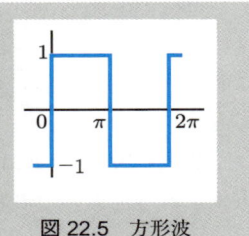

図 22.5 方形波

解
$$a_0 = \frac{1}{2\pi} \left\{ \int_0^{\pi} dx + \int_{\pi}^{2\pi} (-1)\, dx \right\}$$
$$= \frac{1}{2\pi} \left\{ [x]_0^{\pi} - [x]_{\pi}^{2\pi} \right\} = 0$$
$$a_n = \frac{1}{\pi} \left\{ \int_0^{\pi} \cos nx\, dx - \int_{\pi}^{2\pi} \cos nx\, dx \right\}$$
$$= \frac{1}{\pi} \left\{ \left[\frac{\sin nx}{n}\right]_0^{\pi} - \left[\frac{\sin nx}{n}\right]_{\pi}^{2\pi} \right\} = 0$$
$$b_n = \frac{1}{\pi} \left\{ \int_0^{\pi} \sin nx\, dx - \int_{\pi}^{2\pi} \sin nx\, dx \right\}$$
$$= \frac{1}{\pi} \left\{ -\left[\frac{\cos nx}{n}\right]_0^{\pi} + \left[\frac{\cos nx}{n}\right]_{\pi}^{2\pi} \right\} = \frac{2\{1-(-1)^n\}}{n\pi}$$

$$\begin{cases} n = 2, 4, \cdots \text{ のとき } \quad b_n = 0 \\ n = 1, 3, \cdots \text{ のとき } \quad b_n = \dfrac{4}{n\pi} \end{cases}$$

$$\therefore\ f(x) = \frac{4}{\pi} \left(\sin x + \frac{\sin 3x}{3} + \frac{\sin 5x}{5} + \cdots \right)$$

◆注◆ $f(x) = -f(-x)$ が成り立つ場合は奇関数であるため，つねに $a_n = 0$ となり，b_n の積分は次のように半周期だけ行えばよい (21.1 節 (8) 項参照)．
$$b_n = \frac{2}{\pi}\int_0^\pi f(x)\sin nx\,dx$$

$f(x) = f(-x)$ が成り立つ場合は偶関数であるため，つねに $b_n = 0$ となり，a_n の積分は次のように半周期だけ行えばよい (21.1 節 (7) 項参照)．
$$a_n = \frac{2}{\pi}\int_0^\pi f(x)\cos nx\,dx$$

演習問題 [22]

22.1 次の面積を求めよ．
 (1) $y = x^2 - 2$ と $y = x$ で囲まれた部分．
 (2) $y = \sqrt{4-x^2}$ と $y = 1$ で囲まれた部分．
 (3) $y^2 = 2px$ と $x = p$ で囲まれた部分．
 (4) $y = \sin 2x$ と $y = \sqrt{2}\sin x$ で囲まれた部分 $(0 \leqq x \leqq \pi)$．
 (5) $y = \sin x$ と $y = \sin 2x$ で囲まれた部分 $(0 \leqq x \leqq \pi)$．
 (6) $y = \dfrac{a}{2}(e^{\frac{x}{a}} + e^{-\frac{x}{a}})$ と x 軸および $x = \pm a$ で囲まれた部分．
 (7) サイクロイド曲線 $x = a(t - \sin t)$，$y = a(1 - \cos t)$ と x 軸で囲まれた部分 $(0 \leqq t \leqq 2\pi)$．

22.2 次の体積を求めよ．
 (1) $y = \sin x$ を x 軸のまわりに回転したとき $(0 \leqq x \leqq \pi)$．
 (2) 楕円 $\dfrac{x^2}{a^2} + \dfrac{y^2}{b^2} = 1$ を y 軸のまわりに回転したとき．
 (3) サイクロイド曲線 $x = a(t - \sin t)$，$y = a(1 - \cos t)$ と x 軸で囲まれた部分を，x 軸のまわりに回転したとき $(0 \leqq t \leqq 2\pi)$．
 (4) 円 $(x-a)^2 + y^2 = r^2$ $(0 < r < a)$ を y 軸のまわりに回転したとき．

22.3 次の曲線の長さを求めよ．
 (1) $y = \dfrac{e^x + e^{-x}}{2}$ の $-1 \leqq x \leqq 1$ における長さ．
 (2) $y = x^2$ 上の原点から座標 $(1, 1)$ までの長さ．

22.4 電圧 $e = E_m \sin \omega t$，電流 $i = I_m \sin(\omega t - \phi)$ とするとき，電力 P $(p = ei)$ の 1 周期 T の平均値) を求めよ．ただし，$\omega T = 2\pi$ の関係が成り立つ．

22.5 次の周期 2π のくり返し波形の平均値と実効値を求めよ．ただし，$x = \omega t$，$\omega T = 2\pi$ の関係が成り立つ．

(1) 問図 22.1 の全波整流電流

(2) 問図 22.2 の波形

$$f(x) = -\frac{x^2}{\pi} + \pi \quad (0 \leqq x \leqq \pi), \quad f(x) = -\frac{(x-2\pi)^2}{\pi} + \pi \quad (\pi \leqq x \leqq 2\pi)$$

(3) 問図 22.3 の三角波

(4) 問図 22.4 のパルス波

(5) 問図 22.5 の位相制御された正弦波電圧

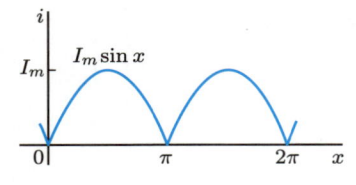

問図 22.1

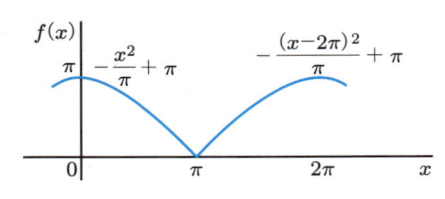

問図 22.2

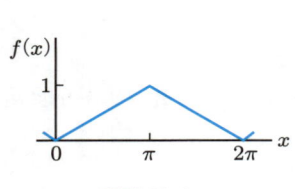

問図 22.3

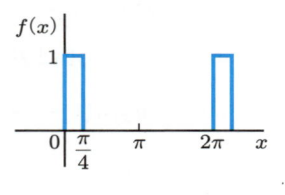

問図 22.4

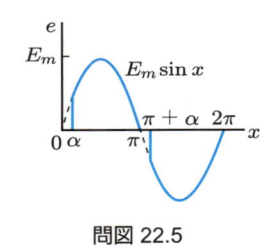

問図 22.5

22.6 前問の問図の波形のフーリエ係数を求めよ．

(1) 問図 22.1　　(2) 問図 22.2　　(3) 問図 22.3　　(4) 問図 22.4

第 23 章

微分方程式（その1）

23.1 微分方程式

原点を中心とした円の方程式は $x^2 + y^2 = r^2$ である．この式を x で微分すると，

$$2x + 2y\frac{dy}{dx} = 0$$

となるので，次の式は円を表す微分方程式であるといえる．

$$\frac{dy}{dx} + \frac{x}{y} = 0$$

すなわち，$y\,dy = -x\,dx$

両辺を積分して，$\dfrac{y^2}{2} = -\dfrac{x^2}{2} + K_1$

整理すると，$x^2 + y^2 = K$

この式は原点を中心とした円群を表している．x と y の関係が明らかである場合には積分定数 K が決定できる (24.2 節参照)．

この章では簡単な 1 階の線形微分方程式の解法について学ぶ．

23.2 変数分離形

$$\frac{dy}{dx} = f(x)g(y) \tag{23.1}$$

の形で表される方程式を変数分離形という．この式の一般解は，両辺を $g(y)(\neq 0$ と仮定する) で割って dx をかけ合わせ，両辺を積分して得られる．

$$\int \frac{dy}{g(y)} = \int f(x)\,dx + K \tag{23.2}$$

もし，$g(y) = 0$ となる値 y_0 が存在すれば，$y = y_0$ も解となる．

例 23.1 $A_1 \dfrac{dy}{dx} + A_2 y = 0$ （A_1, A_2：定数）を解く．

$\dfrac{dy}{dx} = -\dfrac{A_2}{A_1} y$ より，

$$\frac{dy}{y} = -\frac{A_2}{A_1} dx$$

両辺を積分して，一般解を求める．

$$\log y = -\frac{A_2}{A_1}x + K_1$$
$$\therefore\ y = e^{-\frac{A_2}{A_1}x + K_1} = Ke^{-\frac{A_2}{A_1}x}$$

23.3　1階線形微分方程式

$$\frac{dy}{dx} + P(x)y = Q(x) \tag{23.3}$$

の形を1階線形微分方程式という．

式 (23.3) において，$Q(x) = 0$ とおくと，この式は変数分離形となるので，

$$\frac{dy}{dx} + P(x)y = 0 \text{ より，} y = K_1 e^{-\int P(x)\,dx}$$

ここで，式 (23.3) の解として，K_1 を x の関数と考え，式 (23.4) を仮定する．これを定数変化法と称する．

$$y = K_1(x) e^{-\int P(x)\,dx} \tag{23.4}$$

この式は $K_1(x)$ と $e^{-\int P(x)\,dx}$ の合成関数と考えられ，式 (23.4) が式 (23.3) を満足するものと考えると，

$$\frac{dK_1(x)}{dx} e^{-\int P(x)\,dx} - K_1(x) P(x) e^{-\int P(x)\,dx} + P(x) K_1(x) e^{-\int P(x)\,dx}$$
$$= Q(x)$$

この左辺の第2項と第3項は打ち消しあうので，

$$\frac{dK_1(x)}{dx} = Q(x) e^{\int P(x)\,dx} \qquad \therefore\ K_1(x) = \int Q(x) e^{\int P(x)\,dx}\,dx + K$$

よって，この式を式 (23.4) に代入することにより，次のように式 (23.3) の一般解が得られる．

$$y = \left\{ \int Q(x) e^{\int P(x)\,dx}\,dx + K \right\} e^{-\int P(x)\,dx} \tag{23.5}$$

例題 23.1　$\dfrac{dy}{dx} - 3y = e^{2x}$ を解け．

解　$\dfrac{dy}{dx} - 3y = 0$ とおくと，$\dfrac{dy}{y} = 3\,dx$ より，$y = K_1 e^{3x}$ となる．したがって，与式の解を $y = K_1(x) e^{3x}$ とおくと，$K_1{'}(x) e^{3x} = e^{2x}$　$K_1{'}(x) = e^{-x}$ より

$$K_1(x) = -e^{-x} + K$$

よって，$y = (-e^{-x} + K) e^{3x} = -e^{2x} + K e^{3x}$

23.4 微分演算子 D を用いた解法

(1) 同次方程式の解

微分方程式の右辺を 0 とおいた同次方程式で係数がすべて定数である場合に，微分演算子 D を用いて解く方法を説明する．

$$A_1 \frac{dy}{dx} + A_2 y = 0$$

$\frac{d}{dx} = D$ とおくと，$(A_1 D + A_2) y = 0$ ∴ $D = -\frac{A_2}{A_1}$

したがって，[例 23.1] の解に対応させると，

$$y = Ke^{Dx} = Ke^{-\frac{A_2}{A_1}x} \tag{23.6}$$

すなわち，この解の形は，D が求められると，変数分離形を解く過程から，指数関数の形となることが明らかとなっていることより得られる．

(2) 特解の求め方

次の線形微分方程式を例として説明する．

$$2\frac{dy}{dx} + 9y = x - 1$$

右辺 $= 0$ とおいたときの方程式の解 y_1 は，(1) の方法により，

$$2D + 9 = 0, \ D = -\frac{9}{2} \text{ より, } y_1 = Ke^{-\frac{9}{2}x}$$

となる．

次に，与式の特解 y_2 として，右辺の式の形により一般に解を表 23.1 のように仮定する．

与式は x の 1 次式であるので，$y_2 = Ax + B$ と仮定する．この y_2 および y_2 を微分したものを与式に代入して係数を決定する．すなわち，

表 23.1 仮定する特解 y_2 の一般形

与式の右辺	y_2 の一般形
K（定数）	A
x（1 次式）	$Ax + B$
x^2（2 次式）	$Ax^2 + Bx + C$
e^{kx}	Ae^{kx}
xe^{kx}	$(Ax + B)e^{kx}$
$k \sin x$	$A \sin x + B \cos x$
$e^{kx} \sin x$	$e^{kx}(A \sin x + B \cos x)$

であるから，
$$y_2' = A$$
$$2A + 9(Ax + B) = x - 1 \qquad \therefore\ 9Ax + (2A + 9B) = x - 1$$
この式がつねに成り立つためには，
$$9A = 1, \quad 2A + 9B = -1 \qquad \therefore\ A = \frac{1}{9}, \quad B = -\frac{11}{81}$$
したがって，
$$y_2 = \frac{x}{9} - \frac{11}{81}$$
このような係数の求め方を未定係数法とよぶ．与式の一般解は，y_1 と y_2 の和で求められるので，次式が解となる．
$$y = y_1 + y_2 = Ke^{-\frac{9}{2}x} + \frac{x}{9} - \frac{11}{81}$$

23.5　単エネルギー回路の過渡現象

(1)　*R-L* 回路の過渡現象

図 23.1 のように，抵抗 R，インダクタンス L の直列回路を，$t = 0$ でスイッチ S を閉じて起電力 E の電池に接続するとき，回路に流れる電流と時間の関係を求める．図より，回路方程式として次式が成り立つ．
$$E = L\frac{di}{dt} + Ri \tag{23.7}$$
スイッチ投入時の電流は 0 とする．すなわち，$i_{(t=0)} = 0$（初期条件：24.2 節参照）とする．

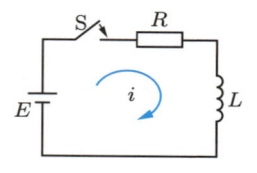

図 23.1　$R - L$ 直列回路

解答例 1：$E = L\dfrac{di}{dt} + Ri$

$(LD + R)i = 0$ とおくと，
$$D = -\frac{R}{L} \qquad \therefore\ i_1 = Ke^{-\frac{R}{L}t}$$

$i_2 = A$ とおくと,
$$E = RA, \quad A = \frac{E}{R} \quad \therefore \quad i_2 = \frac{E}{R}$$

解答例 2: $\dfrac{di}{dt} + \dfrac{R}{L}i = \dfrac{E}{L}$

右辺を 0 とおくと,
$$\frac{di}{i} = -\frac{R}{L}dt \quad \therefore \quad i_1 = Ke^{-\frac{R}{L}t}$$

$i_2 = A$ とおくと,
$$A\frac{R}{L} = \frac{E}{L} \quad \therefore \quad A = i_2 = \frac{E}{R}$$

したがって, どちらの解答例でも一般解は次のようになる.
$$i = i_1 + i_2 = Ke^{-\frac{R}{L}t} + \frac{E}{R}$$

初期条件 $t = 0$ で $i = 0$ より,
$$0 = K + \frac{E}{R} \quad \therefore \quad K = -\frac{E}{R}$$

よって,
$$i = \frac{E}{R}(1 - e^{-\frac{R}{L}t}) \tag{23.8}$$

なお, $-\dfrac{1}{D}$ $\left(\text{ここでは}, \dfrac{L}{R}\right)$ をこの回路の 時定数 (time constant) という.

(2) R-C 回路の過渡現象

図 23.2 の回路で, キャパシタンス C の電荷量を q とすると,
$$v_C = \frac{q}{C}, \quad i = \frac{dq}{dt}$$

の関係が成り立ち, 次のような回路方程式が得られる.
$$E = R\frac{dq}{dt} + \frac{q}{C} \tag{23.9}$$

初期条件として, $t = 0$ で $q = 0$ (初期電荷なし) とすると, 式 (23.9) の解は, 前項の式 (23.7) とまったく同様にして次のような解を得ることができる.

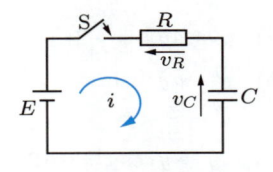

図 23.2　R-C 直列回路

$$q = CE(1 - e^{-\frac{1}{CR}t}) \tag{23.10}$$

ここで, C と R の端子電圧 v_C と v_R は次のような式となる.

$$\left. \begin{array}{l} v_C = \dfrac{q}{C} = E(1 - e^{-\frac{t}{CR}}) \\ v_R = Ri = R\dfrac{dq}{dt} = Ee^{-\frac{t}{CR}} \end{array} \right\} \tag{23.11}$$

したがって, 図 23.3 (a) と (b) の回路に, 図に示したようなステップ電圧を入力すると, 出力側には図示のような波形が得られる. 図 (a) の回路は微分回路, 図 (b) の回路は積分回路とよばれている.

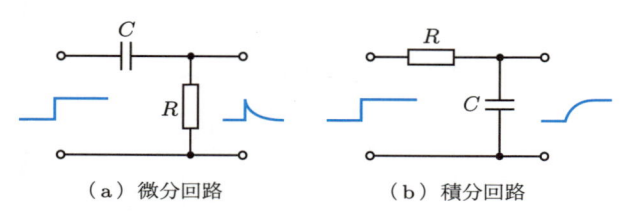

（a）微分回路　　　　（b）積分回路

図 23.3

●● 演習問題 [23] ●●

23.1 次の式の定数 A, B を消去して, 微分方程式をつくれ.

(1) $y = Ax$ 　　(2) $y = Ae^x$ 　　(3) $y = A\sin x + B\cos x$ 　　(4) $x^2 + y^2 = Ay$

23.2 次の微分方程式を変数分離形を用いて解け.

(1) $\dfrac{dy}{dx} = 3x^2$ 　　(2) $5\dfrac{dy}{dx} + 3y = 0$ 　　(3) $\dfrac{dy}{dx} = e^{-(x+y)}$

(4) $(x+1)\dfrac{dy}{dx} + y = 0$ 　　(5) $\dfrac{dy}{dx} = -\dfrac{x}{y}$ 　　(6) $\dfrac{dy}{dx} + y^2 = 0$

(7) $\dfrac{dy}{dx} = ae^{x+y}$ 　　(8) $\dfrac{dy}{dx} + 3xy = 0$ 　　(9) $\dfrac{dy}{dx} = \sin x + \cos x$

23.3 $\dfrac{y}{x} = z$ とおいて, 次の微分方程式を解け $\left(\text{ヒント} : \dfrac{dy}{dx} = z + x\dfrac{dz}{dx} \text{ とおける} \right)$.

(1) $2x - y + x\dfrac{dy}{dx} = 0$ 　　　　　　(2) $x^2\dfrac{dy}{dx} = y^2 - xy$

23.4 次の微分方程式を解け.

(1) $y' + \dfrac{3}{2}y = 2$ 　　(2) $y' + 4y = x + 2$ 　　(3) $y' + y = 3x - 1$

(4) $y' - 2y = 4e^{-x}$ 　　(5) $y' - ay = \sin x$ 　　(6) $y' + y = e^{-2x}\cos x$

(7) $y' - 2y - 4x^2 = 0$ 　　(8) $y' - \dfrac{y}{x} = x$ 　　(9) $y' - \dfrac{y}{x} = xe^x$

(10) $y' + y\sin x = \sin x$ 　　(11) $y' + y\cos x = \sin 2x$

23.5 問図 23.1 の回路において，スイッチ S を A 側にして十分時間が経過すると，C の電圧は E となっている．いま，$t=0$ で S を B 側にした場合の C の電荷 q に関する微分方程式を解くことにより，電流 i の式を求めよ．

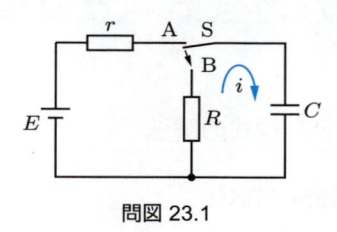

問図 23.1

23.6 問図 23.2 のような R-L 直列回路において，スイッチ S を $t=0$ で閉じたときの電流 i を求めよ．なお，初期条件は $i=0$ とする．

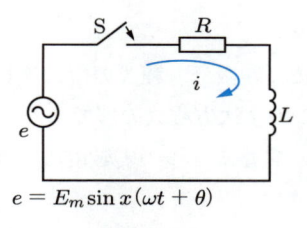

$e = E_m \sin x(\omega t + \theta)$

問図 23.2

23.7 問図 23.3(a) の R-C 直列回路に，図 (b) の電圧を加えたときの電流 i を求めよ．なお，$t=0$ での電荷はないものとする．

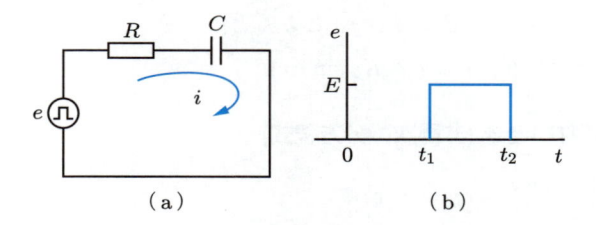

(a)　　　　　　　　(b)

問図 23.3

第24章

微分方程式（その2）

24.1　2階線形微分方程式の解法

(1)　右辺が0のとき(同次微分方程式)

$$a\frac{d^2y}{dx^2} + b\frac{dy}{dx} + cy = 0 \quad (a, b, c：定数) \tag{24.1}$$

$\frac{d}{dx} = D$ とおき，この微分演算子の解を求める．すなわち，

$$aD^2 + bD + c = 0$$

この判別式 $b^2 - 4ac$ の値により微分方程式の解は次に示すように3つの場合に分けられる．ここで，α, β はこの2次方程式の解であり，K_1, K_2 は積分定数である．

① $b^2 - 4ac > 0$：α, β が異なる2つの実数解のとき ($\alpha \neq \beta$)

$$y = K_1 e^{\alpha x} + K_2 e^{\beta x}$$

② $b^2 - 4ac = 0$：重複解のとき ($\alpha = \beta$)

$$y = (K_1 + K_2 x)e^{\alpha x}$$

③ $b^2 - 4ac < 0$：虚数解のとき

$\alpha = u + jv, \quad \beta = u - jv$ とおくと，

$$y = e^{ux}(K_1 \cos vx + K_2 \sin vx)$$

(2)　右辺が0でないとき(非同次微分方程式)

$$a\frac{d^2y}{dx^2} + b\frac{dy}{dx} + cy = f(x) \tag{24.2}$$

$f(x) = 0$ とおいたときの解 y_1 を，(1) と同じ方法で求める．次に，23.4節と同様に，表23.1を参照して特解 y_2 を仮定し，y_2, y_2' および y_2'' を求めて与式に代入して，仮定した y_2 の式に含まれている係数を決定する．

このようにして，2つの解 y_1, y_2 が決まれば，与式の一般解は，

$$y = y_1 + y_2$$

により求めることができる．

例 24.1 $\dfrac{d^2y}{dx^2} + 3\dfrac{dy}{dx} + 2y = xe^x$ の解を求める.

右辺 $= 0$ とおいたときの解 y_1 を求める. すなわち, $\dfrac{d}{dx} = D$ とおくと,

$$D^2 + 3D + 2 = (D+2)(D+1) = 0$$
$$\therefore D = -2,\ D = -1$$

したがって,

$$y_1 = K_1 e^{-2x} + K_2 e^{-x}$$

次に, 右辺の形から特解 y_2 を次のようにおく.

$$y_2 = (Ax + B)e^x$$

y_2 の 1 階微分と 2 階微分は,

$$y_2' = Ae^x + (Ax+B)e^x = \{Ax + (A+B)\}e^x$$
$$y_2'' = Ae^x + \{Ax + (A+B)\}e^x = \{Ax + (2A+B)\}e^x$$

これらの関係を与式に代入すると,

$$\{Ax + (2A+B)\}e^x + 3\{Ax + (A+B)\}e^x + 2(Ax+B)e^x = xe^x$$

したがって, $6Ax + (5A + 6B) = x$ となるので, $6A = 1,\ 5A + 6B = 0$ より,

$$A = \frac{1}{6}, \qquad B = -\frac{5}{6}A = -\frac{5}{36}$$
$$\therefore\ y_2 = \left(\frac{x}{6} - \frac{5}{36}\right)e^x$$

以上により, 与式の一般解として次式を得る.

$$y = y_1 + y_2 = K_1 e^{-2x} + K_2 e^{-x} + \left(\frac{x}{6} - \frac{5}{36}\right)e^x$$

なお, 次の [例 24.2] に示すように, 簡単に係数を決定できない場合もある.

例 24.2 $\dfrac{d^2y}{dx^2} - 3\dfrac{dy}{dx} + 2y = e^x$ の解を求める.

$$D^2 - 3D + 2 = 0, \qquad (D-1)(D-2) = 0$$
$$\therefore\ y_1 = K_1 e^x + K_2 e^{2x}$$

右辺の形から, $y_2 = Ae^x$ とおき, 微分した値を与式に代入すると,

$$Ae^x - 3Ae^x + 2Ae^x = 0$$

この場合には, 係数 A を決定できない. そこで, 次のようにして解く.

$$(D-1)(D-2)y_2 = e^x$$

$$\therefore y_2 = \frac{e^x}{(D-1)(D-2)}$$

この式を部分分数に分解して $y_3 + y_4$ とおく (1.3 節 (3) 参照).

$$y_2 = \left(\frac{1}{D-2} - \frac{1}{D-1}\right)e^x = \frac{e^x}{D-2} - \frac{e^x}{D-1} = y_3 + y_4$$

すなわち,y_3 と y_4 はそれぞれ 1 階の微分方程式となる.y_3 は,

$$\frac{dy_3}{dx} - 2y_3 = e^x$$

と同じであるため,23.3 節を参照して,

$$y_3 = e^{2x}\int e^x e^{-2x}dx = e^{2x}(-e^{-x}) = -e^x$$

同様に,

$$y_4 = -e^x \int e^x e^{-x}dx = -xe^x$$

よって,

$$y_2 = y_3 + y_4 = -e^x - xe^x = -(x+1)e^x$$

したがって,一般解は次のようになる.

$$y = y_1 + y_2 = K_1 e^x + K_2 e^{2x} - (x+1)e^x$$
$$= K_1 e^x + K_2 e^{2x} - xe^x$$

24.2　積分定数の決定

　微分方程式を解くと,解には階数に等しい数だけ積分定数が含まれる.この積分定数は,対象としている問題の物理現象から与えられる条件 (時間関数をとり扱っている場合には,これを初期条件という) を一般解に代入して,未知数である積分定数を求める.この決定された値を一般解の積分定数のところに代入して,最終的に求める解が得られることになる.

24.3　複エネルギー回路の過渡現象

　図 24.1 の回路で,キャパシタンス C の電荷量を q とすると,

$$v_C = \frac{q}{C}, \qquad i = \frac{dq}{dt}$$

の関係が成り立ち,次のような回路方程式が得られる.

$$E = L\frac{d^2 q}{dt^2} + R\frac{dq}{dt} + \frac{q}{C} \tag{24.3}$$

24.3 複エネルギー回路の過渡現象

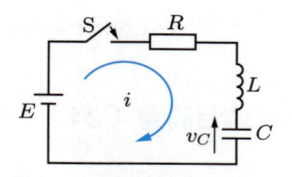

図 24.1 R-L-C 直列回路

初期条件として，$t=0$ で，$i=0$ および $q=0$ とする．ここで，一般的に扱うと非常に煩雑となるので，回路定数として，$E=100$ [V]，$R=1000$ [Ω]，$L=0.5$ [H]，$C=1$ [μF] を与える．

式 (24.3) の補助方程式は，

$$LD^2 + RD + \frac{1}{C} = 0.5D^2 + 1000D + 10^6 = 0$$

24.1 節の内容から，この 2 次方程式の判別式は

$$R^2 - \frac{4L}{C} = -1 \times 10^6 < 0$$

となり，虚数解となるので，$\alpha = u + jv$，$\beta = u - jv$ とおくと，

$$u = -1000 \qquad v = 1000$$

したがって，

$$q_1 = e^{-1000t}(K_1 \cos 1000t + K_2 \sin 1000t)$$

となる (K_1，K_2：積分定数)．

次に，式 (24.3) の特解としては，

$$q_2 = CE$$

したがって，$q = q_1 + q_2 = e^{-1000t}(K_1 \cos 1000t + K_2 \sin 1000t) + CE$
初期条件 $t=0$ で $q=0$，$i=dq/dt=0$ より，

$$0 = K_1 + CE \qquad 0 = -K_1 + K_2 \qquad \therefore K_1 = K_2 = -CE$$

したがって，q，i，v_C の一般解は次のような式となる．

$$q = CE\{1 - e^{-1000t}(\cos 1000t + \sin 1000t)\}$$
$$= 10^{-4}\{1 - e^{-1000t}(\cos 1000t + \sin 1000t)\} \text{ [C]}$$
$$i = \frac{dq}{dt} = 10^{-4} \times 1000 e^{-1000t}(\cos 1000t + \sin 1000t$$
$$\quad + \sin 1000t - \cos 1000t)$$
$$= 0.2 e^{-1000t} \sin 1000t \text{ [A]}$$

$$v_C = \frac{q}{C} = 100\{1 - e^{-1000t}(\cos 1000t + \sin 1000t)\} \text{ [V]}$$

●○ 演習問題 [24] ○●

24.1 次の微分方程式を解け．

(1) $y'' = ae^{ax}$ (2) $y'' = a\sin x$ (3) $y'' = xe^x$

24.2 微分演算子を用いて，次の2階の微分方程式を解け．

(1) $y'' + y' = 0$ (2) $y'' - 3y' + 2y = 0$ (3) $y'' - 4y' - 5y = 0$

(4) $y'' - 4y' + 4y = 0$ (5) $y'' - y' + y = 0$ (6) $y'' - 3y' + 2y = x$

(7) $y'' + 6y' + 9y = \sin x$ (8) $y'' - 2y' + 5y = xe^{2x}$

(9) $y'' - 3y' + 2y = 2x - 1$ (10) $y'' - 2y' + y = x^2 - 1$

(11) $y'' + 2y' + 4y = 2\sin x$ (12) $y'' - y = x^2$

(13) $y'' + 4y = e^{-x}$ (14) $y'' + 4y' + 3y = e^{-x}$

(15) $y'' - 3y' + 2y = 2e^{2x}\sin x$

24.3 問図 24.1 の回路で，スイッチ S を投入したときの電流 i とコンデンサの両端電圧 v_C の式を求めよ．ただし，初期条件は $i = 0$, $v_C = 0$ とする．次に $E = 10$ [V], $L = 0.1$ [mH], $C = 0.01$ [μF] としたときの i と v_C の式を示したうえで，波形の概略を描け．

24.4 本文の図 24.1 の回路で，$R = 100$ [Ω], $L = 1.6$ [mH], $C = 1$ [μF], $E = 10$ [V] としたときの電流 i の式を求めよ．ただし，初期条件は $i = 0$, $v_C = 0$ とする．

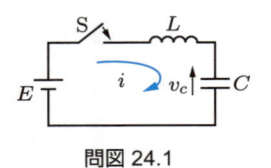

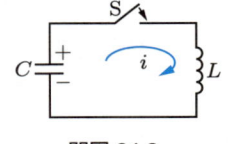

問図 24.1

問図 24.2

24.5 問図 24.2 の回路で，C に Q [C] の電荷があるとき，S を $t = 0$ で投入したときに流れる電流 i の式を求めよ．

24.6 本文の図 24.1 のような R-L-C 直列回路において，スイッチ S を $t = 0$ で投入したときの電流 i の一般式を求めよ．ただし，初期条件は $i = 0$, $v_C = 0$ とする．

演習問題の解答

演習問題 [1]

1.1 (1) $(x-2)(x-7)$ (2) $(2x-1)(x+3)$ (3) $(x+2)(x^2-2x+4)$
   (4) $(x-1)(x+1)(x^2+1)$

1.2 (1) 商 $x^3 + \frac{3}{2}x^2 + \frac{3}{4}x + \frac{33}{8}$, 余り $\frac{91}{8}$ (2) 商 $ax+a+b$, 余り $a+b+c$
   (3) 商 $x^2+2xy-y^2$, 余り $4y^3$

1.3 (1) $\frac{R}{3}$ (2) $\frac{R_1 R_2 R_3}{R_1 R_2 + R_2 R_3 + R_3 R_1}$ (3) $\frac{Rr(2R+r)}{R^2+3Rr+r^2}$ (4) 0

1.4 (1) $\frac{1}{x-2} - \frac{1}{x-1}$ (2) $\frac{1}{3}\left(\frac{5}{x-1} - \frac{2}{x+2}\right)$ (3) $-\frac{1}{x} + \frac{3}{2(x-1)} - \frac{1}{2(x+1)}$
   (4) $\frac{3}{(x-1)^2} - \frac{1}{x-1} + \frac{1}{x+2}$ (5) $\frac{1}{x-1} - \frac{1}{x+1} - \frac{2}{x^2+1}$
   (6) $\frac{1}{3}\left\{\frac{1}{(x-1)^2} - \frac{1}{x-1} + \frac{x+1}{x^2+x+1}\right\}$ (7) $\frac{1}{25}\left\{\frac{35}{(x-2)^2} + \frac{23}{x-2} + \frac{2}{x+3}\right\}$

1.5 (1) $\frac{\sqrt{3}-1}{2}$ (2) 32   (3) $\frac{1-\sqrt{1-a^2}}{a}$ (4) $2-\sqrt{2}$ (5) $2\sqrt{3}-\sqrt{5}$

1.6 $\frac{R}{(R+r)^2}E^2$

1.7 $V = \frac{Rr_V}{Rr_V + r_V r_A + r_A R}E$, $I = \frac{R+r_V}{Rr_V + r_V r_A + r_A R}E$,
   $R_m = \frac{Rr_V}{R+r_V}$, $V = 9.90$ [V],
   $I = 0.991$[A], $R_m = 9.99$ [Ω]

演習問題 [2]

2.1 $(10011110)_2$, $(9E)_{16}$

2.2 $(85)_{10}$, $(55)_{16}$

2.3 $(164)_{10}$, $(10100100)_2$

2.4 解表 2.1 参照.

2.5 (1) $(0.011)_2$, $(0.6)_{16}$
   (2) $(0.1011)_2$, $(0.B)_{16}$
   (3) $(0.000110011001\cdots)_2$, $(0.199\cdots)_{16}$

解表 2.1

10 進数	2 進数	16 進数
90	1011010	5A
150	10010110	96
45	101101	2D
455	111000111	1C7
241	11110001	F1
488	111101000	1E8
30	11110	1E
100	1100100	64
73	1001001	49
107	1101011	6B
236	11101100	EC
429	110101101	1AD

2.6 (1) $(1000000)_2$ (2) $(1010100)_2$

2.7 (1) $(11010111)_2$ (2) $(100111111)_2$

2.8 (1) 解表 2.2 参照. (2), (3) の結果は (1) と同じになる.

解表 2.2

x_1	x_2	$\overline{x}_1 \cdot x_2 + x_1 \cdot \overline{x}_2$
0	0	0
0	1	1
1	0	1
1	1	0

演習問題 [3]

3.1 (1) $\dfrac{1}{\sqrt{2}} + j\dfrac{1}{\sqrt{2}}$ (2) $-1+j$ (3) $-1+j0$ ($+j0$ は省略してもよい)

(4) $1 - j\sqrt{3}$ (5) $0 + j5$ （0 は省略してもよい）   (6) $-\dfrac{\sqrt{3}}{2} - j\dfrac{3}{2}$

(7) 3 (8) $-j2$ (9) $-\dfrac{\sqrt{3}}{2} + j\dfrac{3}{2}$

3.2 (1) $\dfrac{3\sqrt{3}}{2} + j\dfrac{3}{2}$ (2) $\dfrac{1}{2} - j\dfrac{\sqrt{3}}{2}$ (3) $j2$ (4) $-1 + j\sqrt{3}$ (5) $-\dfrac{3}{2} - j\dfrac{\sqrt{3}}{2}$

(6) $\dfrac{5\sqrt{2}}{2} - j\dfrac{5\sqrt{2}}{2}$ (7) $\dfrac{5\sqrt{2}}{2} - j\dfrac{5\sqrt{2}}{2}$ (8) -2 (9) 1

3.3 (1) $2e^{-j\frac{\pi}{3}} = 2\angle -60°$ (2) $2e^{j\pi} = 2\angle 180°$ または $2e^{-j\pi} = 2\angle -180°$

(3) $2e^{j\frac{2}{3}\pi} = 2\angle 120°$ (4) $1e^{-j\frac{2}{3}\pi} = 1\angle -120°$ (5) $2e^{j0} = 2\angle 0°$

(6) $1e^{j\frac{\pi}{2}} = 1\angle 90°$ (7) $6\sqrt{3}e^{j\frac{\pi}{3}} = 6\sqrt{3}\angle 60°$ (8) $2e^{j\frac{3}{4}\pi} = 2\angle 135°$

(9) $\sqrt{2}e^{-j\frac{\pi}{4}} = \sqrt{2}\angle -45°$

3.4 (1) 2 (2) $j2$ (3) $-j2$ (4) $-2\sqrt{3} + j2$

(5) $-11 + j2$ (6) j (7) $\dfrac{1}{2} - j\dfrac{1}{2}$ (8) $-j$

(9) 0

3.5 (1) $2e^{j0}$ (2) $2e^{j\frac{\pi}{2}}$ (3) $2e^{-j\frac{\pi}{2}}\pi$

(4) $4e^{j\frac{5}{6}\pi}$ (5) $\dfrac{1}{\sqrt{2}}e^{-j\frac{\pi}{4}}$ (6) $1e^{-j\frac{\pi}{2}}$

3.6 A; $1 + j\sqrt{3} = 2e^{j\frac{\pi}{3}}$,   B; $-\dfrac{1}{\sqrt{2}} + j\dfrac{1}{\sqrt{2}} = 1e^{j\frac{3}{4}\pi}$,

C; $-j4 = 4e^{-j\frac{\pi}{2}}$

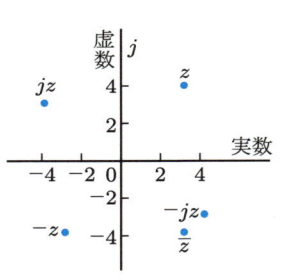

3.7 解図 3.1

3.8 解図 3.2

(1) $-1 + j\sqrt{3}$ (2) $-\dfrac{1}{2} - j\dfrac{\sqrt{3}}{2}$ (3) 1

(4) $-\dfrac{1}{2} - j\dfrac{\sqrt{3}}{2}$ (5) -1 (6) 1

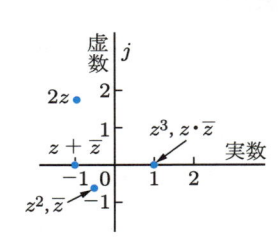

3.9 (1) $(x_1 + x_2) - j(y_1 + y_2)$ (2) (1) と同じになる

(3) $(x_1 x_2 - y_1 y_2) - j(x_1 y_2 + x_2 y_1)$

(4) (3) と同じになる

解図 3.1

解図 3.2

3.10 (1) $-4+j4$ (2) $\dfrac{1}{8}+j\dfrac{\sqrt{3}}{8}$ (3) $\dfrac{\sqrt{6}}{2}+j\dfrac{\sqrt{2}}{2},\ -\dfrac{\sqrt{6}}{2}-j\dfrac{\sqrt{2}}{2}$

(4) $\dfrac{\sqrt{6}}{2}-j\dfrac{\sqrt{2}}{2},\ -\dfrac{\sqrt{6}}{2}+j\dfrac{\sqrt{2}}{2}$ (5) $-\dfrac{1}{4}-j\dfrac{1}{4}$ (6) $(\sqrt{2})^n e^{j\frac{n}{4}\pi}$

(7) $e^{-j\frac{n}{4}\pi}$ (8) $e^{-j\frac{2}{3}n\pi}$

3.11 $(2e^{j0},\ 2e^{j\frac{2}{3}\pi},\ 2e^{j\frac{4}{3}\pi}),\ (2\angle 0°,\ 2\angle 120°,\ 2\angle 240°),\ (2,\ -1+j\sqrt{3},\ -1-j\sqrt{3})$

3.12 $\dfrac{R}{R^2+X^2}-j\dfrac{X}{R^2+X^2}$ 　　3.13 $\dfrac{1}{2\pi\sqrt{LC}}$

演習問題 [4]

4.1 (1) $-\infty<x<\infty\ (x\neq 0),\ -\infty<y<\infty$ (2) $-\infty<x<\infty,\ -1\leqq y\leqq 1$

(3) $-\infty<x<\infty,\ -1\leqq y$ (4) $x\leqq -1,\ x\geqq 1,\ 0\leqq y$

(5) $-1\leqq x\leqq 1,\ 0\leqq y\leqq 1$ (6) $-\infty<x<\infty,\ y\geqq c-\dfrac{b^2}{4}$

(7) $-a\leqq x\leqq a,\ -b\leqq y\leqq b$ (8) $x\leqq -a,\ x\geqq a,\ -\infty<y<\infty$

(9) $x>0,\ -\infty<y<\infty$

4.2 $\dfrac{x^2}{a^2}+\dfrac{y^2}{b^2}-1=0$

4.3 (1) $y=x^2+2\ \ (x\geqq 0)$ (2) $y=\pm\sqrt{x+1}\ \ (x\geqq -1)$

(3) $y=\dfrac{2x+3}{x+1}\ \ (x<-1)$ (4) $y=\dfrac{x}{2(1-x)}\ \ (x\neq 1)$ (5) $y=-x^2\ \ (x\geqq 0)$

4.4 (1) 3 (2) $j\sqrt{5}$ (3) $\dfrac{7}{2}$ (4) $j3\sqrt{5}$ (5) $\dfrac{6}{7}$ (6) $j\dfrac{11\sqrt{5}}{2}$ (7) $-\dfrac{9}{2}$

4.5 (1) $\dfrac{1\pm\sqrt{33}}{2}$ (2) 16 (3) 7 (4) $x=2,\ y=3$

4.6 (1) $\dfrac{\sqrt{3}}{2}-j\dfrac{3}{2},\ -\dfrac{\sqrt{3}}{2}-j\dfrac{3}{2}$

(2) $\dfrac{1}{\sqrt[4]{2}}(1+j),\ \dfrac{1}{\sqrt[4]{2}}(-1+j),\ \dfrac{1}{\sqrt[4]{2}}(-1-j),\ \dfrac{1}{\sqrt[4]{2}}(1-j)$

4.7 (1) $3<x<5$ (2) $-\dfrac{5}{3}\leqq x<\dfrac{-1-\sqrt{5}}{2},\ \dfrac{-1+\sqrt{5}}{2}<x\leqq\dfrac{3}{2}$

(3) $-2\leqq x\leqq -1,\ 1\leqq x\leqq 2$

4.8 $p^2<1,\ q^2<1,\ p^2\neq q^2$

4.9 $I_0=\dfrac{R_1+R_2+R_3+R_4}{R_0(R_1+R_2+R_3+R_4)+(R_1+R_2)(R_3+R_4)}E$,

$I_1=\dfrac{R_3+R_4}{R_0(R_1+R_2+R_3+R_4)+(R_1+R_2)(R_3+R_4)}E$

4.10 $R\fallingdotseq 8.8\ [\Omega]$

演習問題 [5]

5.1 (1) $\begin{pmatrix} 2 & 0 \\ 3 & 1 \end{pmatrix}$ (2) $\begin{pmatrix} 4 & -8 \\ -1 & 3 \end{pmatrix}$ (3) $\begin{pmatrix} 6 & -8 \\ 2 & 4 \end{pmatrix}$

(4) $\begin{pmatrix} -3 & 12 \\ 6 & -3 \end{pmatrix}$ (5) $\begin{pmatrix} 3 & 4 \\ 8 & 1 \end{pmatrix}$ (6) $\begin{pmatrix} 9 & -20 \\ -4 & 7 \end{pmatrix}$

(7) $\begin{pmatrix} 3 & 1 \\ -4 & 2 \end{pmatrix}$ (8) $\begin{pmatrix} -1 & 2 \\ 4 & -1 \end{pmatrix}$ (9) $\begin{pmatrix} 5 & -20 \\ 5 & 0 \end{pmatrix}$

(10) $\begin{pmatrix} 9 & -8 \\ -4 & 9 \end{pmatrix}$ (11) $\begin{pmatrix} -11 & 16 \\ 3 & 2 \end{pmatrix}$ (12) $\begin{pmatrix} 1 & 12 \\ 5 & -10 \end{pmatrix}$

(13) $\begin{pmatrix} -4 & -12 \\ 9 & -9 \end{pmatrix}$ (14) $\begin{pmatrix} 8 & -16 \\ 11 & -21 \end{pmatrix}$ (15) $\begin{pmatrix} -16 & -8 \\ 7 & 3 \end{pmatrix}$

(16) $\begin{pmatrix} 2 & 3 \\ 0 & 1 \end{pmatrix}$ (17) $\begin{pmatrix} -11 & 3 \\ 16 & 2 \end{pmatrix}$

5.2 積の答は省略.
(1) 単位行列をかけても行列は変化しない．　(2) 1 行目と 2 行目が入れ換わる．
(3) 1 行目の要素が k 倍される．　(4) 2 行目の要素が k 倍される．
(5) 2 行目の k 倍を 1 行目に加える．　(6) 1 行目の k 倍を 2 行目に加える．

5.3 (1) $\begin{pmatrix} 4 & 5 & 3 \\ 1 & 3 & -8 \\ 5 & 8 & -5 \end{pmatrix}$ (2) $\begin{pmatrix} 1 & 4 \\ -5 & 1 \end{pmatrix}$ (3) $\begin{pmatrix} 0 & 10 \\ 3 & 13 \end{pmatrix}$

(4) $\begin{pmatrix} 17 & -9 & 17 \\ 17 & -2 & 0 \\ 7 & 0 & -2 \end{pmatrix}$ (5) $\begin{pmatrix} \cos 2\theta & \sin 2\theta \\ -\sin 2\theta & \cos 2\theta \end{pmatrix}$ (6) $\begin{pmatrix} 1 & 0 \\ 0 & 1 \end{pmatrix}$

(7) $\begin{pmatrix} 1 & 0 \\ 0 & 1 \end{pmatrix}$ (8) $\begin{pmatrix} r\cos(\theta+\phi) \\ r\sin(\theta+\phi) \end{pmatrix}$

5.4 (1) $\sqrt{2}\begin{pmatrix} 1 & j \\ j & 1 \end{pmatrix}$ (2) $\begin{pmatrix} 0 & j \\ j & 0 \end{pmatrix}$ (3) $\begin{pmatrix} 2+\frac{1}{\sqrt{2}}+j & j\left(1+\frac{1}{\sqrt{2}}\right) \\ -1+j\left(1+\frac{1}{\sqrt{2}}\right) & 1+\frac{1}{\sqrt{2}} \end{pmatrix}$

(4) $\frac{1}{\sqrt{2}}\begin{pmatrix} 1 & j2 \\ -2+j3 & 0 \end{pmatrix}$ (5) $\frac{1}{\sqrt{2}}\begin{pmatrix} 1+j & -1+j3 \\ -1+j2 & -j \end{pmatrix}$

(6) $\begin{pmatrix} 2+j3 & -1+j3 \\ -4+j2 & -j \end{pmatrix}$ (7) $\frac{1}{\sqrt{2}}\begin{pmatrix} 1 & j \\ j & 1 \end{pmatrix}$ (8) $\begin{pmatrix} 2+j & -1+j \\ j & 1 \end{pmatrix}$

(9) $\frac{1}{\sqrt{2}}\begin{pmatrix} 1+j & -1+j2 \\ -1+j3 & -j \end{pmatrix}$ (10) $\frac{1}{\sqrt{2}}\begin{pmatrix} 1+j & -1+j2 \\ -1+j3 & -j \end{pmatrix}$

演習問題の解答　　**173**

5.5 (1) $\begin{pmatrix} 2 & 2 & 2 \\ 2 & -1 & -1 \\ 2 & -1 & -1 \end{pmatrix}$ (2) $\begin{pmatrix} 3 & 0 & 0 \\ 0 & 3 & 0 \\ 0 & 0 & 3 \end{pmatrix}$ (3) $\begin{pmatrix} 3 & 0 & 0 \\ 0 & 3 & 0 \\ 0 & 0 & 3 \end{pmatrix}$

(4) $3\begin{pmatrix} Z_s+2Z_m & 0 & 0 \\ 0 & Z_s-Z_m & 0 \\ 0 & 0 & Z_s-Z_m \end{pmatrix}$, $(B)(Z)(A)$ も同じ.

5.6 (1) $\begin{pmatrix} 1 & 2Z \\ 0 & 1 \end{pmatrix}$ (2) $\begin{pmatrix} 1+ZY & Z \\ Y & 1 \end{pmatrix}$

(3) $\begin{pmatrix} 1+\dfrac{ZY}{2} & Z+\dfrac{Z^2Y}{4} \\ Y & 1+\dfrac{ZY}{2} \end{pmatrix}$ (4) $\begin{pmatrix} 1+\dfrac{ZY}{2} & Z \\ Y+\dfrac{ZY^2}{4} & 1+\dfrac{ZY}{2} \end{pmatrix}$

5.7 (1) $A=1+\dfrac{R_1}{R_2}$, $B=R_1+\dfrac{R_1R_3}{R_2}+R_3$, $C=\dfrac{1}{R_2}$, $D=1+\dfrac{R_3}{R_2}$ (2) 省略

演習問題 [6]

6.1 (1) 1　(2) -4　(3) 10　(4) -7　(5) 1　(6) 2
(7) 0　(8) 1　(9) $3+j2$　6.2 (1) 0　(2) $1-2a^2+a^4$

6.3 6.2と同じ結果となる.　　6.4 abc　　6.5 6.2と同じ結果となる.

6.6 (1), (2), (3) とも, $|A|=-12$, $|B|=-109$

6.7 (1) $\dfrac{3}{2}+j\dfrac{\sqrt{3}}{2}$ (2) $\dfrac{3}{2}-j\dfrac{\sqrt{3}}{2}$ (3) $\dfrac{3}{2}+j\dfrac{3\sqrt{3}}{2}$ (4) $-j3\sqrt{3}$

6.8 (1) $3abc-(a^3+b^3+c^3)$ (2) $a^3-3ab^2+2b^3$
(3) $3abc-(a^3+b^3+c^3)+3(a^2+b^2+c^2)-3(ab+bc+ca)$
(4) $-a-b-c+2d$

6.9 (1) -1　(2) $\begin{pmatrix} 2 & -5 \\ -3 & 7 \end{pmatrix}$　(3) $\begin{pmatrix} 2 & -3 \\ -5 & 7 \end{pmatrix}$

(4) $\begin{pmatrix} -2 & 3 \\ 5 & -7 \end{pmatrix}$　(5) 両方とも $\begin{pmatrix} 1 & 0 \\ 0 & 1 \end{pmatrix}$

6.10 (1) -1　(2) $\begin{pmatrix} 1 & -3 & 4 \\ -2 & 4 & -5 \\ 0 & 1 & -2 \end{pmatrix}$　(3) $\begin{pmatrix} 1 & -2 & 0 \\ -3 & 4 & 1 \\ 4 & -5 & -2 \end{pmatrix}$

(4) $\begin{pmatrix} -1 & 2 & 0 \\ 3 & -4 & -1 \\ -4 & 5 & 2 \end{pmatrix}$　(5) 両方とも $\begin{pmatrix} 1 & 0 & 0 \\ 0 & 1 & 0 \\ 0 & 0 & 1 \end{pmatrix}$

6.11 (1) $\begin{pmatrix} \cos\theta & \sin\theta \\ -\sin\theta & \cos\theta \end{pmatrix}$ (2) $\begin{pmatrix} 1 & -j \\ -1+j & 2+j \end{pmatrix}$

(3) $\begin{pmatrix} -2 & 1 & 1 \\ 4 & -1 & -2 \\ 3 & -1 & -1 \end{pmatrix}$ (4) $\dfrac{1}{3}\begin{pmatrix} 1 & 1 & 1 \\ 1 & a & a^2 \\ 1 & a^2 & a \end{pmatrix}$

演習問題 [7]

7.1 (1) $x=-1,\ y=2$ (2) $x=9,\ y=-1$ (3) $x=2,\ y=5$
(4) $x=3,\ y=-2$ (5) $x=2,\ y=1,\ z=3$ (6) $x=4,\ y=2,\ z=1$

7.2 (1) $x=3,\ y=2$ (2) $x=-2,\ y=1$ (3) $x=2,\ y=-1,\ z=3$
(4) $x=3,\ y=1,\ z=-2$ (5) $x=-2,\ y=-21,\ z=-12$
(6) $x=3,\ y=4,\ z=5$

7.3 (1) $x=9,\ y=-1$ (2) $x=-2,\ y=1$ (3) $x=2,\ y=1,\ z=3$
(4) $x=2,\ y=-1,\ z=3$ (5) $x=2,\ y=1,\ z=1$

7.4 (1) $x=1+j,\ y=-1+j$ (2) $x=j2,\ y=2-j$

7.5 $\begin{pmatrix} I_1 \\ I_2 \\ I_3 \end{pmatrix} = \begin{pmatrix} 1 & 1 & -1 \\ r_1 & 0 & R \\ 0 & r_2 & R \end{pmatrix}^{-1} \begin{pmatrix} 0 \\ E_1 \\ E_2 \end{pmatrix} = \dfrac{1}{r_1 r_2 + r_1 R + r_2 R} \begin{pmatrix} (r_2+R)E_1 - RE_2 \\ -RE_1 + (r_1+R)E_2 \\ r_2 E_1 + r_1 E_2 \end{pmatrix}$

7.6 $I_1 = 0.1987$ [A], $I_2 = 0.0993$ [A], $I_3 = 0.298$ [A]

7.7 $I_a = 7$ [A], $I_b = 4$ [A], $I_c = 6$ [A]

演習問題 [8]

8.1 (1) $\dfrac{\pi}{4}$ (2) $\dfrac{\pi}{2}$ (3) $\dfrac{2}{3}\pi$ (4) $\dfrac{5}{4}\pi$ (5) $-\dfrac{1}{12}\pi$
(6) $60°$ (7) $75°$ (8) $135°$ (9) $270°$ (10) $-180°$

8.2 (1) $\dfrac{\sqrt{2}}{2}$ (2) 1 (3) $-\dfrac{\sqrt{3}}{2}$ (4) $-\dfrac{1}{2}$ (5) $-\dfrac{1}{2}$
(6) 0 (7) $\dfrac{1}{2}$ (8) $-\dfrac{\sqrt{3}}{3}$ (9) 0 (10) $-\sqrt{3}$
(11) 0 (12) -1 (13) $\dfrac{\sqrt{3}}{2}$ (14) $-\dfrac{\sqrt{2}}{2}$ (15) $\dfrac{2\sqrt{3}}{3}$
(16) -1 (17) $\dfrac{1}{2}$ (18) $\dfrac{\sqrt{2}}{2}$ (19) 0 (20) 2
(21) $\dfrac{\sqrt{3}}{3}$ (22) $-\dfrac{\sqrt{3}}{3}$ (23) $+\infty,\ -\infty$ (24) $\sqrt{3}$ (25) $-\sqrt{3}$

8.3 (1) $\dfrac{\sqrt{2}}{2}$ (2) $\dfrac{\sqrt{3}}{2}$ (3) $-\dfrac{\sqrt{3}}{3}$ (4) $\dfrac{\sqrt{2}}{4}(\sqrt{3}-1)$
(5) $\dfrac{\sqrt{2}}{4}(1-\sqrt{3})$ (6) $-(2+\sqrt{3})$

8.4 (1) 0.8 (2) $\dfrac{4}{3}$ (3) 0.96 (4) -0.28 (5) $-\dfrac{24}{7}$
   (6) 0.352 (7) -0.936 (8) -0.5376

8.5 (1) $\dfrac{t}{\sqrt{1+t^2}}$ (2) $\dfrac{1}{\sqrt{1+t^2}}$ (3) $\dfrac{2t}{1+t^2}$ (4) $\dfrac{1-t^2}{1+t^2}$
   (5) $\dfrac{2t}{1-t^2}$ (6) $\dfrac{\sqrt{1+t^2}-1}{t}$

8.6 (1) $\dfrac{\sqrt{6}+\sqrt{2}}{4}$ (2) $\dfrac{\sqrt{2}+\sqrt{2}}{2}$ (3) $2+\sqrt{3}$ 8.7 省略

8.8 (1) $-\sin\theta$ (2) 1 (3) $\tan\theta$

8.9 (1) $\dfrac{2t}{1+t^2}$ (2) $\dfrac{1-t^2}{1+t^2}$ (3) $\dfrac{2t}{1-t^2}$ (4) $\dfrac{1-t^2}{2t}$ 8.10 省略

8.11 (1) 8 [s] (2) $10\sin\left(\dfrac{\pi}{4}t+\dfrac{\pi}{4}\right)$ [V] (3) $\sin\left(\dfrac{\pi}{4}t+\dfrac{\pi}{4}\right)$ [A]
   (4) $5\left(1+\sin\dfrac{\pi}{2}t\right)$ [W]

演習問題 [9]

9.1 (1) $\dfrac{\pi}{3}$ (2) $\dfrac{\pi}{4}$ (3) $\dfrac{\pi}{3}$ (4) $-\dfrac{\pi}{6}$ (5) $\dfrac{2}{3}\pi$ (6) $-\dfrac{\pi}{4}$ (7) $-\dfrac{\pi}{2}$
   (8) $\dfrac{5}{6}\pi$ (9) $-\dfrac{\pi}{6}$ (10) $\dfrac{\pi}{6}$

9.2 (1) $n\pi+(-1)^n\dfrac{\pi}{4}$ (2) $2n\pi\pm\dfrac{\pi}{2}$ (3) $n\pi+\dfrac{\pi}{4}$ (4) $2n\pi,\ 2n\pi+\dfrac{\pi}{3}$
   (5) $n\pi,\ n\pi\pm\dfrac{\pi}{4}$

9.3 (1) $A_m=3,\ \phi=0$ (2) $A_m=\dfrac{1}{2},\ \phi=-\dfrac{\pi}{3}$
   (3) $A_m=\sqrt{2},\ \phi=-\dfrac{\pi}{6}$ (4) $A_m=2\sqrt{3},\ \phi=-\dfrac{\pi}{6}$
   (5) $A_m=\sqrt{7},\ \phi=\tan^{-1}\dfrac{\sqrt{3}}{2}$ (6) $A_m=\sqrt{2},\ \phi=-\dfrac{\pi}{4}$

9.4 (1) $\dfrac{1}{4},\ -\dfrac{\sqrt{3}}{4}$ (2) $\sqrt{\dfrac{3}{2}},\ -\dfrac{1}{\sqrt{2}}$ (3) $-\dfrac{3}{2},\ \dfrac{\sqrt{3}}{2}$

9.5 (1) $2\sin\left(\omega t+\dfrac{5}{6}\pi\right)$ (2) $2\sin\left(\omega t+\dfrac{2}{3}\pi\right)$ (3) $\sin\left(\omega t+\dfrac{\pi}{3}\right)$
   (4) $2\sin\left(\omega t-\dfrac{5}{6}\pi\right)$

9.6 $\sqrt{19}\sin\left(\omega t+\tan^{-1}\dfrac{3\sqrt{3}}{7}\right)$, 図は省略. 9.7 $\sqrt{a^2+b^2+2ab\cos(\theta_B-\theta_A)}$

9.8 $3.0822\angle 36.59°=4.359\sin(\omega t+0.2033\pi)$

9.9 (1) $i_R=2\sin 3.14t$ [A], $i_C=2\cos 3.14t$ [A] (2) $i=2\sqrt{2}\sin\left(3.14t+\dfrac{\pi}{4}\right)$ [A]
   (3) 省略

演習問題 [10]

10.1 (1) $16\sqrt{2}$ (2) $\dfrac{5}{\sqrt[4]{2^3}}$ (3) $a^{\frac{5}{4}}$ (4) $\sqrt[6]{a^{-2}b^{-7}c^7}$ (5) -2
(6) $2\log_{10}6$ (7) 4 (8) 6

10.2 (1) -3 (2) 3 (3) $\dfrac{3}{4}$ (4) 1 (5) $1, \dfrac{1}{27}$ (6) $2, \sqrt{2}$
(7) $\dfrac{1+\sqrt{161}}{4}$ (8) 解なし

10.3 (1) $1-a$ (2) $b-a-1$ (3) $\dfrac{a+2b+1}{a}$ (4) $-\dfrac{a+b+1}{b}$ (5) $\dfrac{b}{a}$

10.4 (1) $x > \dfrac{20}{11}$ (2) $0 \leq x \leq 1$ (3) $x > 2$ (4) $x \geq 2$

10.5 (1) $y = \dfrac{10^x - 1}{2}$ (2) $y = e^x$ (3) $y = (\log x)^2$, ただし, $x \geq 1$

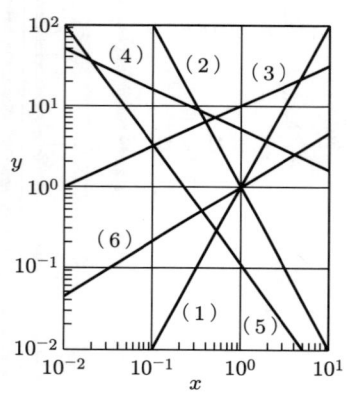

10.6 (1) 7桁 (2) 10桁 (3) $n = 9$

10.7 省略   **10.8** 解図10.1   **10.9** 解図10.2

解図 10.1

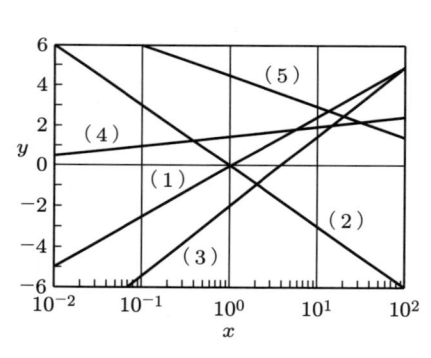

解図 10.2

10.10 (1) 3 [dB] (2) 4.8 [dB] (3) 7 [dB] (4) 7.8 [dB] (5) 10 [dB]
(6) 20 [dB] (7) -7 [dB] (8) -1.5 [dB] (9) -3[dB]

10.11 (1) 10 [dB$_m$] (2) 20 [dB$_m$] (3) 30 [dB$_m$]

10.12 (1) 60 [dB$_\mu$] (2) 66 [dB$_\mu$] (3) 120 [dB$_\mu$]

10.13 1段あたり 30 [dB]   **10.14** 4 [W]

演習問題 [11]

11.1 省略   **11.2** $y = \sqrt{t^2+1}$ **11.3** $t = \dfrac{e^x - e^{-x}}{2}$ または $t = \sinh x$

11.4 (1) $j\dfrac{e^2-1}{2e}$ (2) $\dfrac{e^2+1}{2e}$ (3) $\dfrac{1}{4e}\{\sqrt{3}(e^2+1) + j(e^2-1)\}$

(4) $\dfrac{1}{4e}\{e^2+1-j\sqrt{3}(e^2-1)\}$ (5) $\dfrac{1}{4}\{e^x + e^{-x} + j\sqrt{3}(e^x - e^{-x})\}$

(6) $\dfrac{1}{4}\{\sqrt{3}(e^x+e^{-x}) - j(e^x - e^{-x})\}$

11.5 省略   **11.6** $\cosh x \fallingdotseq 1 + \dfrac{x^2}{2}$

11.7 $E_s = E_r \cosh \gamma\ell + Z_0 I_r \sinh \gamma\ell, \quad I_s = \dfrac{E_r}{Z_0}\sinh \gamma\ell + I_r \cosh \gamma\ell$

演習問題 [12]

12.1 (1) 5   (2) $\left(\dfrac{5}{2}, 1\right)$ (3) $y = -\dfrac{4}{3}x + \dfrac{13}{3}$ (4) $y = \dfrac{3}{4}x + \dfrac{9}{4}$

(5) $\dfrac{13}{5}$ (6) $\left(\dfrac{52}{25}, \dfrac{39}{25}\right)$ (7) $y = \dfrac{4}{3}x - \dfrac{13}{3}$

12.2 $m_a = \dfrac{1}{2}\sqrt{2(b^2+c^2)-a^2}$ **12.3** $\left(\dfrac{\sqrt{3}}{2}x_1 - \dfrac{y_1}{2}, \dfrac{x_1}{2} + \dfrac{\sqrt{3}}{2}y_1\right)$

12.4 (1) $y = \pm 2\sqrt{2}x$ (2) $y = \mp\dfrac{\sqrt{2}}{4}x + \dfrac{9}{4}$ (3) $y = \pm\sqrt{\dfrac{x-1}{2}}$

(4) $y = -2x^2 - 3$

12.5 図は省略.

(1) $\dfrac{(x-1)^2}{2^2} + y^2 = 1$ (楕円)   (2) $(x-1)^2 + (y-2)^2 = (\sqrt{5})^2$ (円)

(3) $(2x-y+1)(x+y-1) = 0$ (2 直線)   (4) $y = -(x+2)^2 - 1$ (放物線)

(5) $\dfrac{x^2}{2^2} - (y-2)^2 = -1$ (双曲線)   (6) $\dfrac{(x-2)^2}{2^2} + \dfrac{(y-1)^2}{3^2} = 1$ (楕円)

(7) $(x+1)^2 - \dfrac{(y-2)^2}{\left(\dfrac{2}{\sqrt{3}}\right)^2} = 1$ (双曲線)   (8) $(x+1)^2 - \dfrac{(y-1)^2}{\left(\dfrac{2}{3}\right)^2} = 1$ (双曲線)

12.6 $b = -6 \pm 2\sqrt{5}$

12.7 (1) $\left(X - \dfrac{1}{2}\right)^2 + \left(Y - \dfrac{1}{2}\right)^2 \leqq \dfrac{1}{2}$ (2) 最大値 4, 最小値 1

12.8 (1) 10^7 [rad/s]   (2) 省略   (3) 省略

12.9 (1) $x^2 + y^2 = 4^2$ (2) $y = x$ ($-4 \leqq x \leqq 4$)

演習問題 [13]

13.1

	$A+B$	$A-B$	$B-A$	$2A+3B$
(1)	$(5,1,-4)$	$(-1,5,-4)$	$(1,-5,4)$	$(13,0,-8)$
(2)	$(-5,4,5)$	$(-1,4,-1)$	$(1,-4,1)$	$(-12,8,13)$
(3)	$(5,9,8)$	$(-3,-5,-2)$	$(3,5,2)$	$(14,25,21)$
(4)	$(1,3,8)$	$(-5,7,-6)$	$(5,-7,6)$	$(5,4,23)$

13.2

	$\|A\|$	$\|B\|$	$A\cdot B$	θ	$\theta°$	$A\times B$	$B\times A$
(1)	$\sqrt{29}$	$\sqrt{13}$	0	$\dfrac{\pi}{2}$	$90°$	$(-8,-12,-13)$	$(8,12,13)$
(2)	$\sqrt{29}$	$\sqrt{13}$	12	$\cos^{-1}\dfrac{12}{\sqrt{377}}$	$51.8°$	$(12,5,8)$	$(-12,-5,-8)$
(3)	$\sqrt{14}$	$\sqrt{14}$	4	$\cos^{-1}\dfrac{2}{7}$	$73.4°$	$(8,-10,-4)$	$(-8,10,4)$
(4)	$\sqrt{29}$	$\sqrt{13}$	0	$\dfrac{\pi}{2}$	$90°$	$(8,12,-13)$	$(-8,-12,13)$
(5)	$\sqrt{3}$	3	3	$\cos^{-1}\dfrac{1}{\sqrt{3}}$	$54.7°$	$(3,0,-3)$	$(-3,0,3)$
(6)	$\sqrt{35}$	$\sqrt{35}$	-7	$\cos^{-1}\dfrac{-1}{5}$	$101.5°$	$(-14,28,-14)$	$(14,-28,14)$
(7)	$\sqrt{30}$	$\sqrt{30}$	6	$\cos^{-1}\dfrac{1}{5}$	$78.5°$	$(-12,-24,-12)$	$(12,24,12)$
(8)	$\sqrt{3}$	$\sqrt{3}$	1	$\cos^{-1}\dfrac{1}{3}$	$70.5°$	$(2,0,-2)$	$(-2,0,2)$

13.3 (1) $\sqrt{377}$ (2) $6\sqrt{5}$ (3) $3\sqrt{2}$ (4) $7\sqrt{3}$ (5) $10\sqrt{2}$ (6) $2\sqrt{114}$

13.4 (1) -22 (2) -16 (3) $(1,-10,-7)$ (4) -23 (5) $(-48,32,0)$
(6) $(-16,-24,-26)$

13.5 $P=3A+5B+C$

13.6 (1) $\left(\dfrac{2}{\sqrt{29}},\dfrac{3}{\sqrt{29}},-\dfrac{4}{\sqrt{29}}\right)$ (2) $\left(\dfrac{8}{9},-\dfrac{1}{9},-\dfrac{4}{9}\right)$
(3) $\left(-\dfrac{8}{\sqrt{377}},-\dfrac{12}{\sqrt{377}},-\dfrac{13}{\sqrt{377}}\right)$

13.7 省略 **13.8** x 軸の方向で, 大きさは 43.2 [V/m].

演習問題 [14]

14.1 (1) $2n-1,\ n^2$ (2) $3n-1,\ \dfrac{n(3n+1)}{2}$ (3) $2^n,\ 2(2^n-1)$
(4) $\left(-\dfrac{1}{3}\right)^{n-1},\ \dfrac{3}{4}\left\{1-\left(-\dfrac{1}{3}\right)^n\right\}$ (5) $\left(\dfrac{2}{3}\right)^n,\ 2\left\{1-\left(\dfrac{2}{3}\right)^n\right\}$
(6) $\dfrac{1}{(2n-1)(2n+1)},\ \dfrac{n}{2n+1}$ (7) $\dfrac{1}{4n(n+1)},\ \dfrac{n}{4(n+1)}$

演習問題の解答

(8) $\left(\dfrac{1}{\sqrt{2}}\right)^{n-1}$, $(2+\sqrt{2})\left\{1-\left(\dfrac{1}{\sqrt{2}}\right)^n\right\}$ (9) $\dfrac{3^n-1}{2}$, $\dfrac{3}{4}(3^n-1)-\dfrac{n}{2}$

14.2 (1) 2 (2) $\dfrac{1}{10}$ (3) $2+\sqrt{2}$ (4) $\dfrac{1}{4}$ (5) $\dfrac{3}{4}$ (6) $\dfrac{1}{4}$

14.3 (1) 2 (2) $\dfrac{1}{3}$ (3) 0 (4) 0 (5) 4 (6) 0 (7) -2
(8) -2 (9) 1 (10) $\dfrac{1}{2}$

14.4 (1) $\dfrac{1}{2}$ (2) $\dfrac{1}{\sqrt{2}}$ 14.5 (1) $\dfrac{1}{3}$ (2) $\dfrac{4}{5}\left(-\dfrac{1}{2}+j\right)$

14.6 (1) $\dfrac{1}{1-e^{-\alpha}}$ (2) $\dfrac{e^{-\alpha}}{(1-e^{-\alpha})^2}$ 14.7 $\left(\dfrac{9}{13}a, \dfrac{6}{13}a\right)$, $2a$

14.8 (1) $I_n - 4I_{n+1} + I_{n+2} = 0$ (2) $I_n = I_1(2-\sqrt{3})^{n-1}$ (3) $R = \dfrac{r}{\sqrt{3}}$

演習問題 [15]

15.1 (1) 2 (2) 8 (3) R_1 (4) 1 (5) $\dfrac{1}{2}$ (6) $\dfrac{1}{4}$ (7) $\dfrac{\sqrt{2}}{4}$ (8) $\dfrac{2}{3}$
(9) $\dfrac{1}{2}$ (10) 1 (11) $-\dfrac{a+b}{2}$ (12) 3 (13) $\dfrac{1}{2}$ (14) 3 (15) $\dfrac{1}{6}$
(16) 2 (17) 1 (18) -1 (19) -1 (20) 1 (21) 0 (22) 1
(23) $\dfrac{3}{4}$ (24) E (25) 0 (26) $\dfrac{E}{R}$

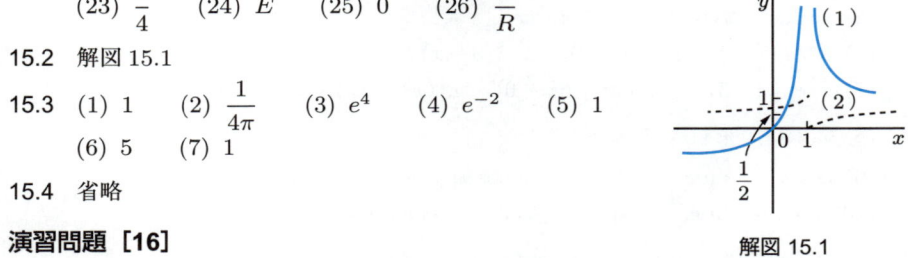

15.2 解図 15.1

15.3 (1) 1 (2) $\dfrac{1}{4\pi}$ (3) e^4 (4) e^{-2} (5) 1
(6) 5 (7) 1

15.4 省略

解図 15.1

演習問題 [16]

16.1 (1) $3x^2$ (2) $\dfrac{3}{2\sqrt{3x+2}}$ (3) $-\dfrac{1}{x^2}$ (4) $\dfrac{1}{3\sqrt[3]{x^2}}$ (5) $\cos x$
(6) $\dfrac{-3}{(3x+2)^2}$ (7) $-\dfrac{2}{x^3}$ (8) $\dfrac{1}{\cos^2 x}$ (9) $\dfrac{1}{x\log_e a}$

16.2 (1) $4 - \dfrac{3}{x^2}$ (2) $8(2x-3)^3$ (3) $\dfrac{2x+3}{2\sqrt{x^3}}$ (4) $6x - 1 - \dfrac{3}{x^4}$
(5) $\dfrac{x+\sqrt{x^2+1}}{\sqrt{x^2+1}}$ (6) $\dfrac{1-2x^2}{\sqrt{1-x^2}}$ (7) $-bn(a-bx)^{n-1}$
(8) $-3b\left(\dfrac{a-bx}{c+dx}\right)^2 - 2d\left(\dfrac{a-bx}{c+dx}\right)^3$ (9) $\dfrac{x}{\sqrt{(a^2-x^2)^3}}$ (10) $\dfrac{1}{\cos^2 x}$
(11) $3\sin^2 x \cos x$ (12) $\cos x - x\sin x$ (13) $\cos 2x$ (14) $2\sin x - 3\sin^3 x$

16.3 (1) $-\dfrac{b}{a}\cot t$ (2) -1 (3) $3t^2$ (4) $-\left(\dfrac{1+t}{1-t}\right)^2$ (5) $\dfrac{b\sin t}{a - b\cos t}$

16.4 (1) $\mp\dfrac{1}{\sqrt{1-x^2}}$ (y が 1, 2 象限のとき $-$, 3, 4 象限のとき $+$)

(2) $\dfrac{\pm 3}{\sqrt{1-9x^2}}$ (y が 1, 4 象限のとき $+$, 2, 3 象限のとき $-$)

(3) $\dfrac{-3}{9x^2-12x+5}$ (4) $\dfrac{a}{ax+b}$ (5) $\dfrac{4(\log x)^3}{x}$ (6) $\dfrac{-1}{(x-1)\sqrt{x^2-1}}$

(7) $\dfrac{3x^2-2}{x^3-2x+3}$ (8) $\dfrac{1}{\sqrt{x^2+4}}$ (9) $\dfrac{2}{\sqrt{x^2+1}}$ (10) $x^2 e^x(x+3)$

(11) $3e^{3x-1}$ (12) $\dfrac{a}{2}(e^{ax}-e^{-ax})$ (13) $xe^{-3x}(2-3x)$ (14) $x^x(\log x+1)$

(15) $(\log x)^x \left\{\log(\log x)+\dfrac{1}{\log x}\right\}$ (16) $\dfrac{1}{\cosh^2 x}$ (17) $4\sinh^3 x \cosh x$

(18) $\cos x \sinh x + \sin x \cosh x$ (19) $\dfrac{3(4x^3-1)}{x^2(1-x^3)^2}$ (20) $\dfrac{a^2}{\sqrt{(a^2-x^2)^3}}$

(21) $\dfrac{4\cos 2x}{(1-\sin 2x)^2}$ (22) $y=\log x+1$ (23) $\dfrac{1}{2\sqrt{x^2+x}}$ (24) $\dfrac{-1}{x\sqrt{x^2+1}}$

(25) $\cos x \cdot e^{\sin x}$ (26) $e^{ax}(a\sin bx + b\cos bx)$

(27) $e^{-x}(-\sin ax - \cos bx + a\cos ax - b\sin bx)$

16.5 (1) $4x^3$, $12x^2$, $24x$ (2) $3x^2-2x$, $6x-2$, 6

(3) $-2(2x+1)^{-2}$, $8(2x+1)^{-3}$, $-48(2x+1)^{-4}$

(4) $-x(x^2+1)^{-\frac{3}{2}}$, $(2x^2-1)(x^2+1)^{-\frac{5}{2}}$, $3x(3-2x^2)(x^2+1)^{-\frac{7}{2}}$

(5) $\sin 2x$, $2\cos 2x$, $-4\sin 2x$

(6) $e^{-x}(1-x)$, $e^{-x}(x-2)$, $e^{-x}(3-x)$

(7) $x^2 e^x(x+3)$, $xe^x(x^2+6x+6)$, $e^x(x^3+9x^2+18x+6)$

(8) $x(2\log x+1)$, $2\log x+3$, $\dfrac{2}{x}$

(9) $\cos x - x\sin x$, $-2\sin x - x\cos x$, $-3\cos x + x\sin x$

(10) $\cos x - \sin x$, $-\sin x - \cos x$, $-\cos x + \sin x$

16.6 (1) $3^x(\log 3)^n$ (2) $a^n e^{ax}$ (3) $n!$ (4) $\cos\left(x+\dfrac{n}{2}\pi\right)$

(5) $(-1)^{n-1}\dfrac{(n-1)!}{x^n}$ (6) $2^{n-1}\cos\left(2x+\dfrac{n}{2}\pi\right)$ (7) $(\sqrt{2})^n e^x \sin\left(x+\dfrac{n}{4}\pi\right)$

16.7 $-\dfrac{1}{a(1-\cos t)^2}$ 16.8 省略 16.9 $\dfrac{b(a\cos\theta - b)}{(a-b\cos\theta)^3}$

演習問題 [17]

17.1 (1) $\dfrac{1}{3}$ (2) $\dfrac{1}{3}$

17.2 (1) $y=6x-4$, $y=-\dfrac{1}{6}x+\dfrac{13}{6}$ (2) $y=-\dfrac{1}{2}x$, $y=2x-5$

(3) $y=2x+1$, $y=-\dfrac{1}{2}x-\dfrac{3}{2}$

(4) $y = \sqrt{2}x + \sqrt{2}\left(1 - \dfrac{\pi}{4}\right)$, $y = -\dfrac{1}{\sqrt{2}}x + \dfrac{1}{\sqrt{2}}\left(2 + \dfrac{\pi}{4}\right)$

(5) $y = -\dfrac{1}{2}x + 2$, $y = 2x + 2$ (6) $y = -\dfrac{1}{2}x + \dfrac{5}{2}$, $y = 2x$

(7) $y = q$, $x = p$ (8) $y = x + 2 - \dfrac{\pi}{2}$, $y = -x + \dfrac{\pi}{2}$

17.3 $y = ex - 2$

17.4

	極大値	極小値	最大値	最小値
(1)	なし	$-4\sqrt{2}+1$	6	$-4\sqrt{2}+1$
(2)	$2\sqrt{2}$	なし	$2\sqrt{2}$	-2
(3)	$\dfrac{3\sqrt{3}}{4}$	0	$\dfrac{3\sqrt{3}}{4}$	0
(4)	$\dfrac{1}{\sqrt{2}}e^{-\frac{\pi}{4}}$	$-\dfrac{1}{\sqrt{2}}e^{-\frac{5}{4}\pi}$	$\dfrac{1}{\sqrt{2}}e^{-\frac{\pi}{4}}$	$-\dfrac{1}{\sqrt{2}}e^{-\frac{5}{4}\pi}$
(5)	$\dfrac{2}{3}\pi + \sqrt{3}$	なし	$\dfrac{2}{3}\pi + \sqrt{3}$	0
(6)	$\sqrt{2}$	$-\sqrt{2}$	$\sqrt{2}$	$-\sqrt{2}$
(7)	$\dfrac{1}{2} - \dfrac{\sqrt{3}}{12}\pi$	$\dfrac{\sqrt{3}}{12}\pi - \dfrac{1}{2}$	$\dfrac{\sqrt{3}}{2}\pi$	$-\dfrac{\sqrt{3}}{2}\pi$
(8)	なし	$-\dfrac{1}{4}$	0	$-\dfrac{1}{4}$
(9)	なし	$-\dfrac{1}{48}$	$\dfrac{32}{3}$	$-\dfrac{1}{48}$
(10)	$\dfrac{3\sqrt{3}}{4}$	$-\dfrac{3\sqrt{3}}{4}$	$\dfrac{3\sqrt{3}}{4}$	$-\dfrac{3\sqrt{3}}{4}$

17.5 (1) 2 (2) 3 (3) $\dfrac{1}{2}$ (4) $\dfrac{1}{6}$ (5) 1 (6) $-\dfrac{1}{2}$ (7) ∞

(8) $\dfrac{1}{na^{n-1}}$ (9) $\dfrac{1}{4\pi}$ (10) $\log\dfrac{a}{b}$ (11) $\dfrac{1}{3}$ (12) $-\dfrac{1}{6}$

17.6 3.0001, 3.0301, 2.9701

17.7 $v_{\mathrm{ab}} = \sqrt{R^2 + (\omega L)^2}\, I_m \sin\left(\omega t + \theta + \tan^{-1}\dfrac{\omega L}{R}\right)$

17.8 $R_2 = \dfrac{R}{2}$ 17.9 省略.

演習問題 [18]

18.1 (1) $f(x) = \displaystyle\sum_{n=0}^{\infty} x^n$ (2) $f(x) = -\displaystyle\sum_{n=1}^{\infty} \dfrac{(3x)^n}{n}$

(3) $f(x) = \displaystyle\sum_{n=0}^{\infty} \dfrac{(x\log a)^n}{n!}$ (4) $f(x) = \displaystyle\sum_{n=1}^{\infty} (-1)^{n-1}\dfrac{(3x)^{2n-1}}{(2n-1)!}$

(5) $\displaystyle\sum_{n=0}^{\infty} (-1)^n x^{2n}$

18.2 (1) $f(x) \fallingdotseq 1 + x + \dfrac{1}{2}x^2 + \dfrac{1}{6}x^3$　　(2) $f(x) \fallingdotseq x + \dfrac{1}{3}x^3$

(3) $f(x) \fallingdotseq x + x^2 + \dfrac{1}{3}x^3$　　(4) $f(x) \fallingdotseq 2x + \dfrac{2}{3}x^3$

(5) $f(x) \fallingdotseq -1 + 2x - 2x^2 + 2x^3$　　(6) $f(x) \fallingdotseq x + \dfrac{1}{2}x^2 + \dfrac{1}{3}x^3$

(7) $f(x) \fallingdotseq x - \dfrac{1}{3}x^3$　　(8) $f(x) \fallingdotseq 1 - \dfrac{1}{2}x + \dfrac{3}{8}x^2 + \dfrac{3}{16}x^3$

18.3 (1) $y \fallingdotseq x - x^2 + \dfrac{1}{3}x^3 - \dfrac{1}{30}x^5$　　(2) $y \fallingdotseq x + \dfrac{1}{6}x^3 + \dfrac{3}{40}x^5$

18.4 (1) 1030　　(2) 1.998　　(3) 1.05　　(4) 0.00995　　(5) 9.993

(6) 9.00412　　(7) 1.01　　(8) 0.9657　　(9) 0.017452

18.5 $f\left(\dfrac{1}{2}\right) = 0.52318$,　$\dfrac{\pi}{6} \fallingdotseq 0.5236$

18.6 (1) $f'(x_1) = 3x_1^2 + h^2$, すなわち h^2 だけ大きい.

(2) $f'(x_1) = \dfrac{\sin h}{h} \cos x_1$, すなわち $\dfrac{\sin h}{h}$ をかけた値となる.

18.7 省略

18.8 (1) $5\angle 45°$ [Ω], $10\angle 15°$　　(2) $10\angle \tan^{-1}\dfrac{3}{4}$ [Ω], $0.5\angle 0°$

演習問題 [19]

19.1 (1) $2x,\ -2y$　　(2) $3x^2 + 6xy,\ 3x^2 - 3y^2$　　(3) $-\dfrac{y}{x^2},\ \dfrac{1}{x}$

(4) $\dfrac{1}{x \log y},\ \dfrac{-\log x}{y(\log y)^2}$　　(5) $-6e^{-2x} \sin^4 y,\ 12e^{-2x} \sin^3 y \cos y$

(6) $\{-6(x^2 - 4y^2)\sin 2x + x \cos 2x\} \dfrac{(\cos 2x)^2}{\sqrt{x^2 - 4y^2}},\ \dfrac{-4y(\cos 2x)^3}{\sqrt{x^2 - 4y^2}}$

(7) $\dfrac{y(2x + 3y)}{2\sqrt{x^2 + 3xy + y^2}},\ \dfrac{2x^2 + 9xy + 4y^2}{2\sqrt{x^2 + 3xy + y^2}}$

19.2

	f_x	f_{xx}	f_y
(1)	$(1 - xy)e^{-xy}$	$(xy^2 - 2y)e^{-xy}$	$-x^2 e^{-xy}$
(2)	$6xy$	$6y$	$3x^2 - 3y^2$
(3)	$\dfrac{-y}{x^2 + y^2}$	$\dfrac{2xy}{(x^2 + y^2)^2}$	$\dfrac{x}{x^2 + y^2}$
(4)	$-\dfrac{y}{x^2}\cos\dfrac{y}{x}$	$\dfrac{y}{x^4}\left(2x\cos\dfrac{y}{x} - y\sin\dfrac{y}{x}\right)$	$\dfrac{1}{x}\cos\dfrac{y}{x}$
(5)	$\dfrac{2x}{x^2 - y^2}$	$\dfrac{-2(x^2 + y^2)}{(x^2 - y^2)^2}$	$\dfrac{-2y}{x^2 - y^2}$
(6)	$2e^{2x}\sin 3y$	$4e^{2x}\sin 3y$	$3e^{2x}\cos 3y$

演習問題の解答　　**183**

	f_{yy}	$f_{xy}=f_{yx}$
(1)	$x^3 e^{-xy}$	$(x^2 y - 2x)e^{-xy}$
(2)	$-6y$	$6x$
(3)	$\dfrac{-2xy}{(x^2+y^2)^2}$	$\dfrac{-x^2+y^2}{(x^2+y^2)^2}$
(4)	$\dfrac{-1}{x^2}\sin\dfrac{y}{x}$	$\dfrac{1}{x^2}\left(\dfrac{y}{x}\sin\dfrac{y}{x}-\cos\dfrac{y}{x}\right)$
(5)	$\dfrac{-2(x^2+y^2)}{(x^2-y^2)^2}$	$\dfrac{4xy}{(x^2-y^2)^2}$
(6)	$-9e^{2x}\sin 3y$	$6e^{2x}\cos 3y$

19.3 　(1) $f_x = y^2 + 2xz, \quad f_y = 2xy - z^2, \quad f_z = x^2 - 2yz$

　　　(2) $f_x = 3x^2 yz^2 + 2y^3 z, \quad f_y = x^3 z^2 + 6xy^2 z, \quad f_z = 2xy(x^2 z + y^2)$

19.4　省略.　　　　19.5　$4\,xy$　　　　19.6　$-\dfrac{x}{y}$

19.7 　(1) $-\alpha e^{-\alpha x}$　　(2) $x(2+3x)e^{3x}$　　(3) $(\log x + 1)x^x$

　　　(4) $x^{\cos x}\left(-\sin x \log x + \dfrac{1}{x}\cos x\right)$

19.8　0　　　19.9　省略.　　　19.10　$a = 0.505\ [\text{k}\Omega], \quad b = -0.01\ [\text{V}]$

19.11　$I_C = 0.1686 V_{CE} + 5.516\ [\text{mA}] \quad (4 \leqq V_{CE} \leqq 14)$

演習問題 [20]

積分定数 K を省略している.

20.1 　(1) $\dfrac{1}{3}x^3 - x$　　(2) $\dfrac{1}{4}x^4 + \log|x|$　　(3) $\dfrac{1}{2}x^2 + \log|x+1|$

　　　(4) $-\dfrac{1}{x} - \dfrac{1}{2x^2}$　　(5) $-\dfrac{1}{4}(2-x)^4$　　(6) $\dfrac{1}{18}(3x-2)^6$

　　　(7) $\dfrac{5}{3}x^3 - \dfrac{3}{2}x^2 + x$　　(8) $\dfrac{4}{3}\pi r^3$　　(9) $\dfrac{2}{5}(1-x)^{\frac{5}{2}} - \dfrac{2}{3}(1-x)^{\frac{3}{2}}$

　　　(10) $2\sqrt{x+2}$　　(11) $\sqrt{x^2-2}$　　(12) $\dfrac{2}{3}\{(x+1)^{\frac{3}{2}} + x^{\frac{3}{2}}\}$

　　　(13) $\dfrac{2}{3}x^{\frac{3}{2}} + 2x + 2x^{\frac{1}{2}}$　　(14) $\mathrm{Sin}^{-1}\dfrac{x}{2}$　　(15) $\mathrm{Sin}^{-1}\dfrac{x-2}{2}$

　　　(16) $\log\left|\dfrac{1-\sqrt{1-x^2}}{x}\right|$　　(17) $\dfrac{1}{2}\log\left|\dfrac{x-2}{x}\right|$　　(18) $\log\left|\dfrac{(x-2)^2}{x-1}\right|$

　　　(19) $\log\left|\dfrac{x+2}{x-1}\right| - \dfrac{3}{x-1}$　　(20) $\dfrac{1}{x} + \log\left|\dfrac{x-2}{x}\right|$　　(21) $-\dfrac{1}{3}\cos 3x$

　　　(22) $\dfrac{x}{2} - \dfrac{\sin 2x}{4}$　　(23) $-\dfrac{1}{a}\cos(ax+b)$　　(24) $\dfrac{x}{2} + \dfrac{\sin 2x}{4}$

　　　(25) $\dfrac{1}{n}e^{nx}$　　(26) $\dfrac{1}{2}e^{2x} + \dfrac{5}{3}e^{3x}$　　(27) $\dfrac{1}{2}(e^{2x} - e^{-2x}) - 2x$

　　　(28) $\mathrm{Tan}^{-1} e^x$　　(29) $e^x(x-1)$　　(30) $\dfrac{e^{2x}}{5}(2\cos x + \sin x)$

184   演習問題の解答

(31) $-\dfrac{e^{-x}}{10}(\sin 3x + 3\cos 3x)$ (32) $-e^{-x}(x^2 + 2x + 2)$

(33) $-\dfrac{e^{-x}}{2}(\sin x + \cos x)$ (34) $x\sin x + \cos x$

(35) $\dfrac{x^2}{4}(2\log x - 1)$ (36) $x^2\sin x + 2x\cos x - 2\sin x$

(37) $\dfrac{x}{8} - \dfrac{\sin 4x}{32}$ (38) $\dfrac{1}{4}\sin^4 x$ (39) $-\dfrac{1}{\sin x} - \sin x$

(40) $\dfrac{1}{3}(2\sin x + 1)^{\frac{3}{2}}$ (41) $x(\log x - 1)$ (42) $\log|e^x + 1|$

(43) $2(x-1)^{\frac{1}{2}}$ (44) $\dfrac{1}{a}\mathrm{Tan}^{-1}\dfrac{x}{a}$ (45) $\dfrac{1}{a}\log|ax + b|$

(46) $\dfrac{-1}{x+2}$ (47) $\dfrac{5}{2}\log(x^2 + 1)$ (48) $\dfrac{1}{2}\log(x^2 + a^2)$

(49) $\dfrac{1}{2}\left(4\mathrm{Sin}^{-1}\dfrac{x}{2} + x\sqrt{4-x^2}\right)$ (50) $\dfrac{1}{2}\log\left|\dfrac{x^2}{1-x^2}\right|$

(51) $\dfrac{1}{6}\log\left|\dfrac{(x+1)^2}{x^2 - x + 1}\right| + \dfrac{1}{\sqrt{3}}\mathrm{Tan}^{-1}\dfrac{2x-1}{\sqrt{3}}$

(52) $\dfrac{2}{15}(x+a)^{\frac{3}{2}}(3x - 2a)$ (53) $\dfrac{3}{2}x - 2\sin x + \dfrac{1}{4}\sin 2x$

(54) $\dfrac{1}{2}\tan^2 x + \log|\cos x|$ または $\dfrac{1}{2}\sec^2 x + \log|\cos x|$

(55) $\dfrac{1}{a^2 - b^2}(a\sin ax \sin bx + b\cos ax \cos bx)$

(56) $\sqrt{\cos x}\left(\dfrac{2}{7}\cos^3 x - \dfrac{2}{3}\cos x\right)$ (57) $x\mathrm{Sin}^{-1}x + \sqrt{1-x^2}$

(58) $\dfrac{1}{2}\{(x^2+1)\mathrm{Tan}^{-1}x - x\}$ (59) $\log|\sin x|$ (60) $\sin x - \dfrac{1}{3}\sin^3 x$

20.2 省略.

20.3 (1) $\dfrac{2 - \cos x}{\sin x}$ (2) $\mathrm{Sin}^{-1}x - \sqrt{1-x^2}$ (3) $\log|x + \sqrt{x^2 - 2}|$

(4) $-\sqrt{4-x^2}$ (5) $\dfrac{1}{2a}\log\left|\dfrac{x-a}{x+a}\right|$ (6) $\dfrac{x}{a^2\sqrt{a^2 + x^2}}$

(7) $-x + 2\log(e^x + 1)$ (8) $\dfrac{2}{3}(1 + \log x)^{\frac{3}{2}}$

演習問題 [21]

21.1 (1) $\dfrac{1}{2}(e^2 - 1)$ (2) $\dfrac{3}{2}$ (3) $\dfrac{1}{r}$ (4) $\log 2$ (5) π (6) π

(7) $\dfrac{1}{4}\log\dfrac{3}{2}$ (8) $\dfrac{1}{3}$ (9) 1 (10) $2\log 2 - 1$ (11) 1 (12) 2

(13) 0 (14) $\dfrac{2-\sqrt{3}}{4}$ (15) $\dfrac{3}{16}\pi$ (16) $\dfrac{e^{-\pi} + 1}{2}$ (17) $\dfrac{1}{4}$

(18) $\dfrac{\pi^2}{16} + \dfrac{1}{4}$ (19) $\dfrac{\pi}{4}$ (20) $\dfrac{1}{4}$ (21) $\dfrac{1}{2}\log\dfrac{3}{2}$ (22) $\dfrac{20}{3}$ (23) $e - 2$

(24) $\dfrac{1}{2}(1-\log 2)$ (25) $\dfrac{\pi^2}{4}-2$ (26) $\dfrac{\pi a^2}{4}$ (27) $\dfrac{\pi}{2}$ (28) π (29) 4

(30) 4   (31) $\dfrac{1}{2}$ (32) $2\log\left|\dfrac{r-a}{a}\right|$

21.2 (1) $\dfrac{1}{\omega}\{\cos\phi-\cos(\omega T-\phi)\}$ (2) $\dfrac{A}{s}$ (3) $\dfrac{A}{s-a}$ (4) $\dfrac{A}{s^2}$ (5) $\dfrac{2A}{s^3}$

(6) $\dfrac{As}{s^2+\omega^2}$ (7) $\dfrac{A\omega}{s^2+\omega^2}$ (8) $\dfrac{T}{2}\cos\phi-\dfrac{1}{4\omega}\{\sin\phi+\sin(2\omega T-\phi)\}$

21.3 (1) 0.25   (2) 0.26   (3) 0.2525   (4) 0.25

21.4 (1) 0.693147   (2) 0.745635   (3) 0.645635   (4) 0.695635   (5) 0.693254

演習問題 [22]

22.1 (1) $\dfrac{9}{2}$ (2) $\dfrac{4}{3}\pi-\sqrt{3}$ (3) $\dfrac{4\sqrt{2}}{3}p^2$ (4) 3   (5) $\dfrac{5}{2}$ (6) $a^2\left(e-\dfrac{1}{e}\right)$

(7) $3\pi a^2$

22.2 (1) $\dfrac{\pi^2}{2}$ (2) $\dfrac{4}{3}\pi a^2 b$ (3) $5\pi^2 a^3$ (4) $2\pi^2 ar^2$

22.3 (1) $e-\dfrac{1}{e}$ (2) $\dfrac{1}{4}\{2\sqrt{5}+\log(2+\sqrt{5})\}$ 22.4 $\dfrac{E_m I_m}{2}\cos\phi$

22.5 (1) $\dfrac{2}{\pi}I_m$, $\dfrac{I_m}{\sqrt{2}}$ (2) $\dfrac{2}{3}\pi$, $\sqrt{\dfrac{8}{15}\pi}$ (3) $\dfrac{1}{2}$, $\dfrac{1}{\sqrt{3}}$

(4) $\dfrac{1}{8}$, $\dfrac{1}{2\sqrt{2}}$ (5) 0, $\dfrac{E_m}{\sqrt{2}}\sqrt{\dfrac{1}{\pi}\left(\pi-\alpha+\dfrac{\sin 2\alpha}{2}\right)}$

22.6 (1) $a_0=\dfrac{2}{\pi}I_m$, $a_n=-\dfrac{4}{\pi}\dfrac{1}{(n+1)(n-1)}I_m$ (n は偶数), $b_n=0$

(2) $a_0=\dfrac{2}{3}\pi$, $a_n=(-1)^{n-1}\dfrac{4}{n^2\pi}$, $b_n=0$

(3) $a_0=\dfrac{1}{2}$, $a_n=-\dfrac{4}{n^2\pi^2}$ (n は奇数), $b_n=0$

(4) $a_0=\dfrac{1}{8}$, $a_n=\dfrac{1}{n\pi}\sin\dfrac{n}{4}\pi$, $b_n=\dfrac{1}{n\pi}\left(1-\cos\dfrac{n}{4}\pi\right)$

演習問題 [23]

23.1 (1) $y'-\dfrac{y}{x}=0$ (2) $y'-y=0$ (3) $y''+y=0$

(4) $(x^2-y^2)y'-2xy=0$

23.2 (1) $y=x^3+K$ (2) $y=Ke^{-\frac{3}{5}x}$ (3) $y=\log(K-e^{-x})$

(4) $y=\dfrac{K}{x+1}$ (5) $x^2+y^2=K^2$ (6) $y=\dfrac{1}{x+K}$

(7) $y=-\log(K-ae^x)$ (8) $y=Ke^{-\frac{3}{2}x^2}$ (9) $y=\sin x-\cos x+K$

23.3 (1) $y=x(K-2\log x)$ (2) $y=\dfrac{2x}{1-Kx^2}$

23.4 (1) $y = Ke^{-\frac{3}{2}x} + \frac{4}{3}$ (2) $y = Ke^{-4x} + \frac{x}{4} + \frac{7}{16}$
(3) $y = Ke^{-x} + 3x - 4$ (4) $y = Ke^{2x} - \frac{4}{3}e^{-x}$
(5) $y = Ke^{ax} - \frac{1}{a^2+1}(a\sin x + \cos x)$ (6) $y = Ke^{-x} + \frac{e^{-2x}}{2}(\sin x - \cos x)$
(7) $y = Ke^{2x} - 2x^2 - 2x - 1$ (8) $y = x(x + K)$ (9) $y = x(e^x + K)$
(10) $y = Ke^{\cos x} + 1$ (11) $y = 2(\sin x - 1) + Ke^{-\sin x}$

23.5 $i = -\frac{E}{R}e^{-\frac{1}{CR}t}$

23.6 $i = \frac{E_m}{\sqrt{R^2 + (\omega L)^2}}\left\{\sin\left(\omega t + \theta - \tan^{-1}\frac{\omega L}{R}\right) - \sin\left(\theta - \tan^{-1}\frac{\omega L}{R}\right)e^{-\frac{R}{L}t}\right\}$

23.7 $t \leq t_1$ で $i = 0$, $t_1 \leq t \leq t_2$ で $i = \frac{E}{R}e^{-\frac{1}{CR}(t-t_1)}$,
$t_2 \leq t$ で $i = -\frac{E}{R}\left\{1 - e^{-\frac{1}{CR}(t_2-t_1)}\right\}e^{-\frac{1}{CR}(t-t_2)}$

演習問題 [24]

24.1 (1) $y = \frac{1}{a}e^{ax} + K_1 x + K_2$ (2) $y = -a\sin x + K_1 x + K_2$
(3) $y = (x-2)e^x + K_1 x + K_2$

24.2 (1) $y = K_1 + K_2 e^{-x}$ (2) $y = K_1 e^x + K_2 e^{2x}$ (3) $y = K_1 e^{5x} + K_2 e^{-x}$
(4) $y = (K_1 + K_2 x)e^{2x}$ (5) $y = e^{\frac{x}{2}}\left(K_1 \sin\frac{\sqrt{3}}{2}x + K_2 \cos\frac{\sqrt{3}}{2}x\right)$
(6) $y = K_1 e^x + K_2 e^{2x} + \frac{1}{2}x + \frac{3}{4}$
(7) $y = (K_1 + K_2 x)e^{-3x} + \frac{1}{50}(4\sin x - 3\cos x)$
(8) $y = e^x(K_1 \sin 2x + K_2 \cos 2x) + \frac{1}{25}(5x - 2)e^{2x}$
(9) $y = K_1 e^x + K_2 e^{2x} + x + 1$ (10) $y = (K_1 + K_2 x)e^x + x^2 + 4x + 5$
(11) $y = e^{-x}(K_1 \sin\sqrt{3}x + K_2 \cos\sqrt{3}x) + \frac{2}{13}(3\sin x - 2\cos x)$
(12) $y = K_1 e^{-x} + K_2 e^x - x^2 - 2$ (13) $y = K_1 \sin 2x + K_2 \cos 2x + \frac{1}{5}e^{-x}$
(14) $y = K_1 e^{-x} + K_2 e^{-3x} + \frac{1}{2}xe^{-x}$ (15) $y = K_1 e^x - e^{2x}(\sin x + \cos x - K_2)$

24.3 $i = \sqrt{\frac{C}{L}}E\sin\frac{t}{\sqrt{LC}}$, $v_c = E\left(1 - \cos\frac{t}{\sqrt{LC}}\right)$
$i = 0.1\sin 10^6 t$ [A], $v_c = 10(1 - \cos 10^6 t)$[V], 波形 (解図 24.1)

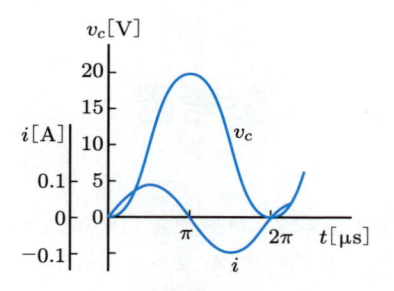

解図 24.1

24.4 $i = \dfrac{1}{6}(e^{-12.5\times 10^3 t} - e^{-50\times 10^3 t})$ [A]

24.5 $i = -\dfrac{1}{\sqrt{LC}} Q \sin \dfrac{1}{\sqrt{LC}} t$

24.6 $\alpha = \dfrac{R}{2L}, \quad \beta = \sqrt{\left(\dfrac{R}{2L}\right)^2 - \dfrac{1}{LC}}$ とおく.

（ⅰ）$R^2 > \dfrac{4L}{C}$ のとき, $i = \dfrac{\alpha^2 - \beta^2}{2\beta} CE\{e^{-(\alpha-\beta)t} - e^{-(\alpha+\beta)t}\}$

（ⅱ）$R^2 = \dfrac{4L}{C}$ のとき, $i = \dfrac{E}{L} t e^{-\alpha t}$

（ⅲ）$R^2 < \dfrac{4L}{C}$ のとき, $\gamma = \sqrt{\dfrac{1}{LC} - \left(\dfrac{R}{2L}\right)^2}$ とおくと, $i = \dfrac{CE(\alpha^2 + \gamma^2)}{\gamma} e^{-\alpha t} \sin \gamma t$

参考書

[1] 内藤喜之：電気・電子基礎数学，電気学会 (1980-9).
[2] 菅原正己：電気数学Ⅰ・Ⅱ・Ⅲ，電気学会 (1969-9).
[3] 金古喜代治，星野博司，中西祥八郎：電気系数学の基礎と演習，学献社 (1986-4).
[4] 森口繁一，宇田川銈久，一松 信：数学公式Ⅰ・Ⅱ・Ⅲ，岩波全書 (1956-9).
[5] H. B. Wood：Mathematics for Communications Engineering, John Willy and Sons (1988).
[6] 卯本重郎：現代基礎数学，オーム社 (1990-3).
[7] 西巻正郎，森 武昭，荒井俊彦：電気回路の基礎 (第2版)，森北出版 (2004-3).

さくいん

英数字

- 16 進数 8
- 2 重根号計算 5
- 2 進数 8
- 2 点間距離 79
- dB 69
- F パラメータ 29
- h パラメータ 30
- Y パラメータ 30

あ 行

- 陰関数 19
- 陰関数の微分 131
- 因数分解 1
- 円 82
- オイラーの公式 17, 127

か 行

- 外積 91
- 回転 81
- 外分 79
- ガウス平面 14
- 角周波数 59
- 片対数方眼紙 68
- 過渡現象 160, 166
- 加法定理 52, 74
- 関数の増減 118
- 奇関数 143, 155
- 逆関数 20
- 逆行列 28
- 逆三角関数 57
- 逆双曲線関数 75
- 共役複素数 14
- 行列式の展開 34
- 行列積 27

- 極限値 102
- 極値の判定 118
- 極表示 14
- 虚数解 21
- 虚数単位 14
- 虚数部 14
- 偶関数 142
- 区分求積法 143
- クラメルの公式 44
- 高次導関数 113
- 高次の偏導関数 131
- 後退差分 121
- 弧度表示 50

さ 行

- 最小 118
- 最小 2 乗法 132
- 最大 118
- 最大・最小 85
- サラスの規則 33
- 三角行列 28
- 指数関数 66
- 指数関数表示 14
- 自然対数 66
- 実効値 153
- 実数解 20
- 実数部 14
- 時定数 161
- 収束 98
- 収束する 97
- 重複解 21
- 十分条件 23
- 重要な極限値 102
- 主値 57
- 小行列式 34

- 消去法 41
- 小数首位 70
- 常用対数 66
- 初期位相角 59
- 初期条件 160
- 振幅 59
- シンプソンの公式 . 144, 145
- 真理値表 11
- 数学的帰納法 96
- スカラー 88
- スカラー積 89
- 正弦定理 61
- 正弦波 59
- 正則行列 37
- 正方行列 26
- 積分回路 162
- 積分定数 136, 166
- 接線 117
- 線形微分方程式 157
- 前進差分 121
- 双曲余弦 73
- 双曲正弦 73
- 双曲正接 73
- 双曲線 82

た 行

- 対角行列 28
- 台形公式 144
- 対称行列 28
- 対数関数 66
- 楕円 82
- 多変数の合成関数の微分 130
- 単位行列 28
- 単位ベクトル 88
- 単エネルギー回路 160

値域 19
置換積分 136
中間値の定理 105
中心差分 121
直交表示 14
定義域 19
定積分 136, 142
テイラーの定理 124
デシベル 69
転置行列 28
導関数 108
等差数列 95
同次微分方程式 164
等比数列 95
特異行列 37
度表示 50
ド・モアブルの定理 17, 127

な 行
内積 89
内分 79
ニュートン法 120

は 行
媒介変数 19, 111
倍角の公式 52, 74
はさみうちの原理 102
発散 98

発散する 97
半角の公式 53, 74
反転 81
左極限 102
必要条件 23
否定 11
非同次微分方程式 164
微分 108
微分演算子 159
微分回路 162
微分係数 108
フェーザ軌跡 84
フェーザ表示 60
複エネルギー回路 166
複素平面 14
不定形 103
不定積分 136
不等式 22
部分積分 136
部分分数 2
フーリエ級数 153
分数方程式 21
平均値の定理 116
平均変化率 108
平行移動 81
ベクトル 88
ベクトル軌跡 84
ベクトル積 91

ヘロンの公式 62
変数分離形 157
偏微分 130
法線 117
放物線 82

ま 行
マクローリンの定理 125
右極限 102
未定係数法 2, 160
無限等比級数 99
無理方程式 21

や 行
有効数字 70
有理化 5
余因子 34
陽関数 19
余弦定理 61

ら 行
リサジュー図 20
両対数方眼紙 68
零行列 28
ロピタルの定理 ... 103, 120
ロルの定理 116
論理積 11
論理和 11

著者略歴

森 武昭（もり・たけあき）
1969 年	芝浦工業大学大学院修士課程修了
1970 年〜1981 年	上智大学助手
1981 年〜1987 年	幾徳工業大学（現 神奈川工科大学）講師・助教授
1987 年	幾徳工業大学教授
2015 年	神奈川工科大学特命教授
現 在	神奈川工科大学名誉教授・特命教授　工学博士

大矢 征（おおや・すすむ）
1964 年	日本大学第二工学部電気工学科卒業
	幾徳工業高等専門学校助手
1976 年〜1997 年	幾徳工業大学（現 神奈川工科大学）助手・講師・助教授
1997 年	神奈川工科大学教授
現 在	神奈川工科大学名誉教授　工学博士

編集担当	大橋貞夫，小林巧次郎(森北出版)
編集責任	石田昇司(森北出版)
組　版	アベリー
印　刷	エーヴィスシステムズ
製　本	協栄製本

電気電子工学のための 基礎数学 第2版　© 森　武昭・大矢　征 2014

1996 年 5 月 20 日	第 1 版第 1 刷発行
2013 年 3 月 7 日	第 1 版第 19 刷発行
2014 年 7 月 14 日	第 2 版第 1 刷発行
2025 年 4 月 6 日	第 2 版第 7 刷発行

【本書の無断転載を禁ず】

著　者	森　武昭・大矢　征
発行者	森北博巳
発行所	森北出版株式会社

東京都千代田区富士見 1-4-11（〒102-0071）
電話 03-3265-8341 ／ FAX 03-3264-8709
https://www.morikita.co.jp/
日本書籍出版協会・自然科学書協会　会員
JCOPY ＜(一社)出版者著作権管理機構 委託出版物＞

落丁・乱丁本はお取替えいたします．

Printed in Japan／ISBN978-4-627-73162-2

MEMO

MEMO

MEMO